水利BIM从0到1

主　编　刘　辉
副主编　欧阳明鉴

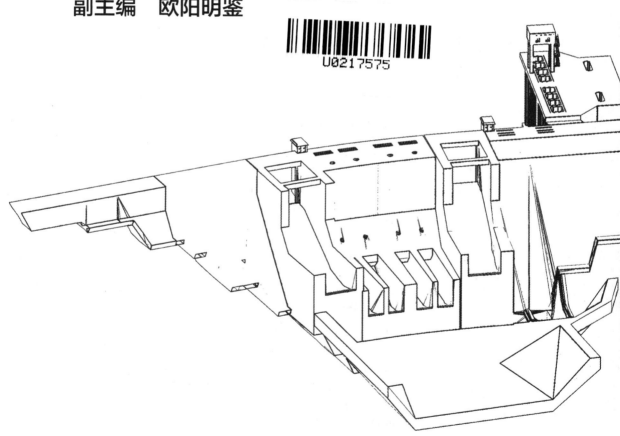

中国水利水电出版社
www.waterpub.com.cn
·北京·

内 容 提 要

本书通过对水利水电工程项目中已开展的 BIM 研究与应用进行归纳总结，形成了一套适合水利水电行业单位开展 BIM 实施工作的解决方案。全书共 15 章，主要内容包括 BIM 技术概述、水利水电设计行业 BIM 技术发展情况、BIM 实施的四个阶段、BIM 在施工和运维阶段的应用、水利水电工程 BIM 应用案例等。

本书可为水利水电行业单位开展 BIM 实施工作提供指导，也可供其他行业的 BIM 工作者参考和借鉴。

图书在版编目（C I P）数据

水利BIM从0到1 / 刘辉主编. -- 北京 ： 中国水利水电出版社，2018.9（2019.8重印）
ISBN 978-7-5170-6999-7

Ⅰ．①水… Ⅱ．①刘… Ⅲ．①水利水电工程－计算机辅助设计－应用软件 Ⅳ．①TV-39

中国版本图书馆CIP数据核字（2018）第232330号

书　　　名	**水利 BIM 从 0 到 1** SHUILI BIM CONG 0 DAO 1
作　　　者	主　编　刘辉 副主编　欧阳明鉴
出 版 发 行	中国水利水电出版社 （北京市海淀区玉渊潭南路 1 号 D 座　100038） 网址：www. waterpub. com. cn E - mail：sales@waterpub. com. cn 电话：（010）68367658（营销中心）
经　　　售	北京科水图书销售中心（零售） 电话：（010）88383994、63202643、68545874 全国各地新华书店和相关出版物销售网点
排　　　版	中国水利水电出版社微机排版中心
印　　　刷	清淞永业（天津）印刷有限公司
规　　　格	184mm×260mm　16 开本　13.75 印张　326 千字
版　　　次	2018 年 9 月第 1 版　2019 年 8 月第 2 次印刷
印　　　数	1501—3000 册
定　　　价	**70.00 元**

本书编委会

主　　编：刘　辉

副 主 编：欧阳明鉴

编写人员：赫　雷　胡　亮　邢乃春　高　强　杨铁增

　　　　　李霖泽　蔡　鸥　杨　旭　张　楠　王立朝

　　　　　黄桂林　解凌飞　虞　鸿　侯　毅

审稿人员：耿振云　陶富领

本书案例提供单位

中国电建集团北京勘测设计研究院有限公司信息与数字工程中心

湖北省水利水电规划勘测设计院数字信息中心

浙江省水利水电勘测设计院工程 BIM 技术研究中心

河北省水利水电第二勘测设计研究院数字工程中心

黄河勘测规划设计有限公司工程设计院

前 言

通常认为，最早关于 BIM 概念的名词是"建筑描述系统"（Building Description System），由 Chuck Eastman 于 1975 年提出。2002 年，美国 Autodesk 公司首次将 Building Information Modeling 的首字母连起来使用，成为今天众所周知的"BIM"，由此 BIM 技术开始在建筑行业广泛应用。今天，在工程建设行业，比较公认的对 BIM 的解释是 Building Information Modeling 的简称，直译为"建筑信息建模"。BIM 是以三维数字技术为基础，集成了建筑工程项目各种相关信息的工程数据模型，是对工程项目设施实体与功能特性的数字化表达。

在中国，BIM 的起步应用与国际几乎同步，从 2000 年开始就有了关于 BIM 概念方面的学术研究。2005 年，Autodesk 公司进入中国进行 BIM 相关软件推广，BIM 概念逐步在国内被认知。国内一些大型建筑项目也开始应用 BIM 技术，如国家游泳中心"水立方"等多个北京奥运会比赛场馆、上海世博会场馆、武汉中央商务区和北京中国尊等大型地标项目。2013 年，我国 BIM 应用进入快速发展阶段，在交通、水利水电等行业的重点项目中得到实践应用，如香港地铁、港珠澳大桥、天眼工程、南水北调工程和 172 项节水供水重大水利工程等。随着工程建设由高速发展向高质量发展的转变，BIM 技术深刻改变了项目各参与方的协作方式，解决了工程建设的技术难题，提高了生产效率和质量。

在 BIM 应用方面，近年来，我国工程项目的 BIM 应用，以其复杂性和创新性，屡屡在各大 BIM 平台厂商举办的国际 BIM 大赛中摘取大奖。可以说，我国的 BIM 应用处于国际先进地位，在建筑、交通和水利水电等领域的 BIM 应用处于国际领先地位。但在 BIM 核心技术方面，我国与国外还有较大差距，几乎所有核心的技术都要依赖国外。水利水电行业 BIM 普及之路还有很多障碍，BIM 应用还停留在少数设计企业、停留在设计阶段、停留在大型工程的应用，在信息安全、技术研究、成本控制、市场认可和技术本地化、专业化等方面还不能满足行业需求。

今天，水利水电工程设计、施工和运行管理等全生命周期 BIM 应用还处于初期阶段，除设计单位以外，众多水利水电工程参与方还缺少对 BIM 有效的认知和系统的了解。BIM 应用不是设计人员简单的三维建模和出图，而是水利水电工程各参与方对工程信息的协同与运用。这一能力正不断由个别专业扩展到全专业协同，由前期扩展到全生命周期，由工程仿真模拟扩展到进度、质量、安全、造价、节能、设备、资源、决策管理等全部领域，跨界形成 BIM 与 GIS 的集成应用，形成新的价值，为水资源配置优化，数字中国和智慧社会建设提供有力的数据和技术支撑。

《水利 BIM 从 0 到 1》是在水利水电工程 BIM 实际应用的基础上，总结提出的一套比较完整的水利水电 BIM 应用解决方案。本书分为综合篇、实施篇、拓展篇和案例篇四大部分。试图从企业组织、个人认知、专业技术和工程全生命周期等多个维度详细阐述水利水电 BIM。本书除介绍了 BIM 基本概念、BIM 总体框架、BIM 实施技术与方法、BIM 拓展应用的探索和水利水电工程典型 BIM 应用案例外，还提出了基于 BIM 的认知升级、组织变革和流程再造的思路。希望本书能够为未实施 BIM 的中小设计院提供依据，为已经实施BIM 设计、施工和运行管理的单位更全面地了解 BIM 提供参考。

本书在编写过程中得到了中国电建集团北京勘测设计研究院有限公司信息与数字工程中心、湖北省水利水电规划勘测设计院数字信息中心、浙江省水利水电勘测设计院工程 BIM 技术研究中心、河北省水利水电第二勘测设计研究院数字工程中心、黄河勘测规划设计有限公司工程设计院的大力支持。中水北方勘测设计研究有限责任公司耿振云教授级高级工程师、黄河勘测设计研究有限公司陶富领教授级高级工程师参加了本书审稿工作，在此一并感谢。此外，本书参考了大量的国内外文献资料，也借鉴了建筑行业相关的理论和经验，在此向原创作者们表示衷心的感谢。

由于本书编者水平有限，书中难免有疏漏之处，恳请广大读者批评指正。

编者

2017 年 12 月

目 录

实施篇

案例篇

综合篇

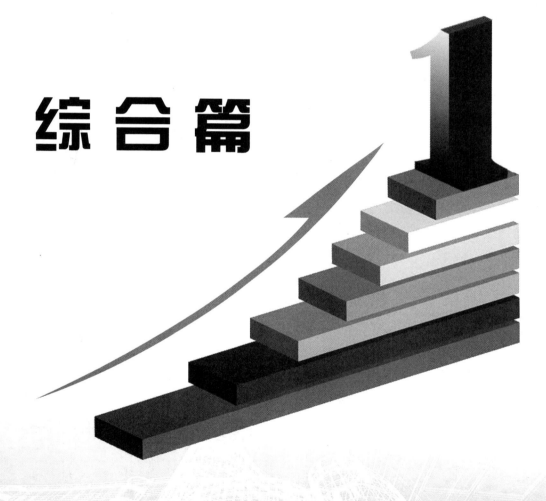

BIM 技 术 概 述

1.1 BIM 技术概念

BIM 是 Building Information Modeling 的简称，一般直译为"建筑信息建模"[1]。BIM 是以三维数字技术为基础，集成了建筑工程项目各种相关信息的工程数据模型，BIM 是对工程项目设施实体与功能特性的数字化表达。最早关于 BIM 概念的名词是"建筑描述系统"（Building Description System），由 Chuck Eastman 于 1975 年提出。2002 年，Autodesk 公司首次将 Building Information Modeling 的首字母连起来使用，成了今天众所周知的"BIM"，BIM 技术也由此开始在建筑行业广泛应用。值得一提的是，类似于 BIM 的理念同期在制造业也被提出，并早在 20 世纪 90 年代业已实现应用，推动了制造业的科技进步和生产力提高，塑造了制造业强大的竞争力。

一般认为，BIM 技术的定义包含以下 4 个方面的内容：

（1）BIM 是一个建筑设施物理特性和功能特性的数字化表达，是工程项目设施实体和功能特性的完整描述[2]。它基于三维几何数据模型，集成了建筑设施其他相关物理信息、功能要求和性能要求等参数化信息，并通过开放式标准实现信息的互用。

（2）BIM 是一个共享的知识资源，实现了建筑全生命周期的信息共享。基于这个共享的数字模型，工程的规划、设计、施工、运营维护（运维）等各个阶段的相关人员都能从中获取所需的数据。这些数据是连续、即时、可靠、一致的，为该工程从概念到拆除的全生命周期中所有工作和决策提供可靠依据。

（3）BIM 是一种应用于设计、建造、运营的数字化管理方法和协同工作过程。这种方法支持建筑工程的集成管理环境，可以使工程在其整个进程中显著提高效率和大量减少风险。

（4）BIM 也是一种信息化技术，它的应用需要信息化软件支持。在项目的不同阶段，不同利益相关方通过 BIM 软件在 BIM 模型中提取、应用、更新相关信息，并将修改后的信息赋

予 BIM 模型，支持和反映各自职责的协同作业，以提高设计、建造和运行的效率与水平。

从 BIM 技术定义的 4 个方面来看，BIM 应具有的特性为：基于计算机的直观性、可分析性、可共享性和可管理性。

1.2　BIM 核心理念

随着这几年 BIM 在行业内的逐步应用，人们不断发现它的优点，同时也为 BIM 赋予了新的概念，给 BIM 定义了如下的核心理念，如图 1.2-1 所示。

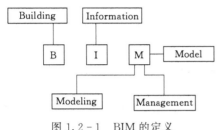

图 1.2-1　BIM 的定义

Building Information Model（建筑信息模型）是一个设施物理特性和功能特征的数字化表达，是该项目相关方的共享知识资源，为项目全生命周期内的所有决策提供可靠的信息支持。

Building Information Modeling（建筑信息建模）是创建和利用项目数据在其全生命周期内进行设计、施工和运营的业务过程，允许所有项目相关方通过数据互用使不同技术平台在同一时间利用相同的信息。

Building Information Management（建筑信息管理）是利用数字原型信息支持项目全生命周期信息共享的业务流程组织和控制过程。建筑信息管理的效益包括集中和可视化沟通、更早进行多方案比较、可持续分析、高效设计、多专业集成、施工现场控制和竣工资料记录等[3]。

综上所述，BIM 的核心理念主要概括为以下 3 点：

（1）BIM 模型的完整性。用于表述工程对象的信息除了几何信息、拓扑信息之外，还有完整的属性信息，如物理参数、材料性质、受力分析等设计信息，资源、成本、进度、质量等施工信息，监测、调度等运行信息。

（2）BIM 模型的关联性。一方面，BIM 模型中的非几何信息与几何对象信息相关联，并能被系统识别和处理；另一方面，模型对象之间相关联，若对象信息发生变化，与之相关联的所有链接都会变化，保证模型的统一性。

（3）BIM 模型的一致性。模型信息在任何阶段的任何应用的对象实体中是唯一的，可以修改，但不能重复，避免了重复录入和出错的麻烦，这也是信息共享和传递的基础。

完整性、关联性和一致性为 BIM 模型支持全生命周期的信息集成和共享奠定了必备的基础。因此，BIM 是帮助一个项目进行创建、储存和共享项目信息的机制[2]。

1.3　BIM 技术应用现状

1.3.1　BIM 技术在国外的应用

建筑信息模型从提出到逐步完善，再到被工程建设行业普遍接受，经历了几十年的历程。BIM 技术最先从美国发展起来，随后扩展到欧洲、日本、韩国、新加坡等地。目前，BIM 在美国逐渐成为主流，并对包括中国在内的其他国家的 BIM 实践产生影响。如今，

BIM 应用在国外已经相当普及[4]。

（1）BIM 在美国的应用现状。美国是较早启动建筑业信息化研究的国家，发展至今，其 BIM 研究与应用都走在世界前列。目前，美国大多数项目已经开始应用 BIM，BIM 的应用点也是种类繁多[5]，而且存在各种 BIM 协会，也出台了各种 BIM 标准。根据 McGraw-Hill 的调研，工程建设行业采用 BIM 的比例从 2007 年的 28% 增长至 2009 年的 49% 直至 2012 年的 71%，其中 74% 的承包商已应用 BIM 技术。

2007 年 12 月，美国国家 BIM 标准项目委员会（the National Building Information Model Standard Project Committee - United States，NBIMS - US）发布了美国国家 BIM 标准 National Building Information Model Standard 第一版，2012 年 5 月发布了第二版，2015 年 7 月发布了第三版。2016 年至今，随着物联网、大数据、人工智能、云计算、虚拟现实等技术的成熟与应用，美国政府、各建筑行业协会及 BIM 软件商都在致力于建立更智能化、自动化的 BIM 设计体系及工作方式。

（2）BIM 在英国的应用现状。2011 年 5 月，英国内阁办公室发布了"政府建设战略"文件，明确要求到 2016 年全面推进 BIM 技术应用，并要求全部工程文件实现信息化管理。为了实现这一目标，英国建筑业 BIM 标准委员会于 2009 年 11 月发布了英国建筑业 BIM 标准，于 2011 年 6 月发布了适用于 Revit 软件的英国建筑业 BIM 标准，于 2011 年 9 月发布了适用于 Bentley 系列软件的英国建筑业 BIM 标准。

从 2011 年至今，英国国家统计局（National Bureau of Statistic）每年均会发布《全国 BIM 报告》（National BIM Report），英国 BIM 技术应用以平均每年 60% 的速度持续增长。英国的大中型公司大多数已应用 BIM 技术，小公司应用 BIM 技术的占比也已经接近一半（2017 年数据）。同时英国政府于 2017 年初发布了 BIM Level 2 的强制标准，对模型数据交换给出了强制定义。

（3）BIM 在新加坡的应用现状。新加坡负责建筑业管理的国家机构是建筑管理署（BCA）。2011 年，BCA 与一些政府部门合作确立了 BIM 应用示范项目，BCA 强制要求提交建筑 BIM 模型（2013 年起执行）、结构与机电 BIM 模型（2014 年起执行），并且最终在 2015 年前实现了所有建筑面积大于 5000m² 的项目都必须提交 BIM 模型的目标。

（4）BIM 在北欧国家的应用现状。北欧国家是 BIM 技术应用早期软件的发源地，像如今众所周知的 Tekla、ArchiCAD 均来自北欧国家。与一般推行方式不同的是，BIM 技术应用在北欧国家并没有由国家主导和强制执行，而是由企业自主发起的。特别是装配式预制构件，在北欧这样的严寒气候条件下有非常好的适应性，这也是当今建筑业发展的方向，其标准化和参数化的特性，是与 BIM 技术结合紧密的一种方式。

（5）BIM 在日本的应用现状。2009 年开始，大部分日本设计公司、施工企业开始应用 BIM 技术。2010 年 3 月，日本国土交通省选择了一项政府建设项目作为试点，探索 BIM 技术在设计可视化、信息整合方面的价值及实施流程。2010 年秋，日本一家调研机构通过对 517 家设计院、施工企业及相关建筑行业从业人员的调研，发现 BIM 的认知度从 2007 年的 30.2% 提升至 2010 年的 76.4%。

1.3.2 BIM 技术在国内的应用

目前，中国建设投资规模庞大，基建行业发展迅速，但同时基建行业需要可持续发

展，施工企业面临更严峻的竞争。在这个背景下，国内基建行业与 BIM "结缘"成为必然。第一，超大型的建设项目带来了大量因沟通和实施环节信息流失而造成的损失，BIM 信息整合重新定义了设计流程，很大程度上能够改善这一状况。第二，可持续发展、建筑全生命周期管理和节能分析的需求。第三，国家对资源规划管理信息化的要求。

近年来，BIM 应用在国内建筑业形成了一股热潮，除了前期软件厂商的大声呼吁外，政府相关部门、各行业协会与专家、设计单位、施工企业、科研院校等也开始重视并推广 BIM 应用。

2010—2011 年，中国房地产业协会商业地产专业委员会、中国建筑业协会工程建设质量管理分会、中国建筑学会工程管理研究分会、中国土木工程学会计算机应用分会组织并发布了《中国商业地产 BIM 应用研究报告 2010》和《中国工程建设 BIM 应用研究报告 2011》。根据两个报告可知，BIM 的认知度从 2010 年的 60％提升至 2011 年的 87％。2011 年，共有 39％的单位（以设计单位居多）表示已经使用了 BIM 相关软件。

2011 年 5 月，住房和城乡建设部发布的《2011—2015 建筑业信息化发展纲要》中明确指出：在施工阶段开展 BIM 技术的研究与应用，推进 BIM 技术从设计阶段向施工阶段的应用延伸，降低信息传递过程中的衰减；研究基于 BIM 技术的 4D 项目管理信息系统在大型复杂工程施工过程中的应用，实现对建筑工程有效的可视化管理等。

2012 年 1 月，住房和城乡建设部发布的《关于印发 2012 年工程建设标准规范制订修订计划的通知》宣告了中国 BIM 标准制定工作的正式启动，其中包含 5 项 BIM 相关标准：《建筑工程信息模型应用统一标准》《建筑工程信息模型存储标准》《建筑工程设计信息模型交付标准》《建筑工程设计信息模型分类和编码标准》《制造工业工程设计信息模型应用标准》。其中，《建筑工程信息模型应用统一标准》的编制采取"千人千标准"的模式，邀请行业内相关软件厂商、设计单位、施工单位、科研院所等近百家单位参与标准研究。至此，工程建设行业的 BIM 应用热度日益高涨。

2014—2017 年，全国各地区和建筑、交通运输等行业相继出台了多项 BIM 政策，主要政策见表 1.3-1～表 1.3-3。

对于 BIM 技术的研究主要集中在各大高校，如清华大学针对 BIM 标准的研究，上海交通大学 BIM 研究中心对于 BIM 在协同方面的研究等。随着各行业对 BIM 的重视，大学对 BIM 人才培养的需求渐起。2012 年 4 月 27 日，首个 BIM 工程硕士班在华中科技大学开课，共有 25 名学生；随后广州大学、武汉大学也开设了专门的 BIM 工程硕士班。2016 年 7 月 30 日，"长三角 BIM 应用研究会"在上海成立。

在业界，BIM 发展前期主要是设计单位、施工单位、咨询单位等对 BIM 进行的一些尝试。最近几年，业主对 BIM 的认知度也在不断提升，SOHO 中国已将 BIM 作为未来三大核心竞争力之一；万达、龙湖等大型地产商也在积极探索应用 BIM；上海中心、上海迪士尼等大型项目要求在项目全生命周期中使用 BIM。BIM 已经成为企业参与项目的门槛。其他项目中也逐渐将 BIM 写入招标文件及合同，或者将 BIM 作为技术标的重要评审内容。目前来说，大中型设计企业基本上拥有了专门的 BIM 团队，有一定的 BIM 实施经验。施工企业的 BIM 应用略晚于设计企业，不过不少大型施工企业也开始了对 BIM 的实施与探索，有一些成功案例。目前运维阶段的 BIM 应用还处于探索研究阶段。

表 1.3 - 1　　建筑行业 BIM 政策一览表

序号	发文单位	文号及时间	文件名称	主要相关内容
1	住房和城乡建设部	建市〔2014〕92 号 2014 年 7 月	《关于推进建筑业发展和改革的若干意见》	推进 BIM 等信息技术在工程设计、施工和运营管维护全过程的应用，提高综合效益
2	住房和城乡建设部	2016 年 7 月	《住房城乡建设事业"十三五"规划纲要》	加快推进装配式建筑与信息化深度融合，推进 BIM、基于网络的协同工作等信息技术应用。全面推进 BIM 等信息技术在建筑全生命周期内的集成应用
3	住房和城乡建设部	建质函〔2016〕183 号 2016 年 8 月	《2016—2020 年建筑业信息化发展纲要》	推广基于 BIM 的协同设计，开展多专业间的数据共享和协同，优化设计流程，提高设计质量和效率。研究开发基于 BIM 的集成设计系统及协同工作系统，实现建筑、结构等专业信息集成与共享
4	住房和城乡建设部	建质〔2017〕57 号 2017 年 3 月	《关于印发工程质量安全提升行动方案的通知》	加快推进 BIM 技术在规划、勘察、设计、施工和运营维护全过程的集成应用。推进勘察设计文件数字化交付、审查和存档工作
5	住房和城乡建设部	建市〔2017〕98 号 2017 年 4 月	《关于印发建筑业发展"十三五"规划的通知》	加快推进 BIM 技术在规划、工程勘察设计、施工和运营维护全过程的集成应用，支持具有自主知识产权的国产 BIM 软件的研发和推广使用
6	住房和城乡建设部	建市〔2017〕102 号 2017 年 5 月	《关于印发工程勘察设计行业发展"十三五"规划的通知》	深度推进 BIM 和数字化工厂（DF）在工程建设运营管理、提高工程建设综合效益，实现全生命周期数据共享和信息集成
7	住房和城乡建设部	建标〔2017〕164 号 2017 年 8 月	《关于印发工程造价事业发展"十三五"规划的通知》	建立健全合作机制，促进多元化平台性发展，大力推进 BIM 技术在工程造价事业中的应用。以信息技术创新推动新型转型升级，向工程咨询高端价值链延伸，运用 BIM、大数据、云技术等信息技术提升工程造价咨询服务价值
8	住房和城乡建设部	建科〔2017〕166 号 2017 年 8 月	《关于印发住房城乡建设科技创新"十三五"专项规划的通知》	建立绿色建筑运行效果数据库和基于 BIM 的运营与监测平台、规模化发展，普及和深化 BIM 应用，发展施工机器人、全面推进绿色建筑高效益，智能施工装备、3D 打印施工装备，探索工程建造全过程的虚拟仿真和数值计算

表 1.3-2　　交通运输行业 BIM 政策一览表

序号	发文单位	文号及时间	文件名称	主要相关内容
1	交通运输部	交科技发〔2014〕126号 2014年7月	《交通运输部关于科技创新促进交通运输安全发展的实施意见》	重点开展施工过程安全风险控制技术研究，BIM技术研究与应用，基于全生命周期成本设计和可靠度设计研究
2	交通运输部	交科技发〔2016〕51号 2016年3月	《关于印发交通运输科技"十三五"发展规划的通知》	在BIM、水运主通道高频通航，深远海应急搜打捞等方面，基于车路合作与协同的道路交通安全等方面重大关键技术开发与应用，实用性强的研发成果，拥有核心自主知识产权
3	交通运输部	交公路发〔2016〕115号 2016年7月	《交通运输部关于推进公路钢结构桥梁建设的指导意见》	推广应用BIM技术，推动钢结构桥梁设计、制造、安装和管养各类信息共享利用
4	交通运输部	交办公路〔2016〕93号 2016年8月	《关于实施绿色公路建设的指导意见》	鼓励应用BIM新技术，探索应用健康、安全和环境三位一体（HSE）管理体系、积极推广合同能源管理，稳步推进建设与运营期能耗在线监测管理
5	国务院办公厅	国办发〔2016〕71号 2016年9月	《国务院办公厅关于大力发展装配式建筑的指导意见》	推广通用化、模数化、标准化设计方式，积极应用建筑信息模型技术，提高建筑领域各专业协同设计能力，加强对装配式建设全过程的指导和服务
6	交通运输部	交安监发〔2016〕216号 2016年12月	《关于打造公路水运品质工程的指导意见》	推进BIM技术，积极推广工艺监测、安全预警、隐蔽工程数据采集，远程视频监控等设施设备在施工管理中的集成应用，推行"智慧工地"项目管理信息化水平
7	交通运输部	交办规划〔2017〕11号 2017年1月	《关于印发推进智慧交通发展行动计划（2017—2020年）的通知》	到2020年，在基础设施智能化方面，推进BIM技术在重大交通基础设施建设中的应用，使基础设施建设和管理水平大幅度提升
8	国务院办公厅	国办发〔2017〕19号 2017年2月	《关于促进建筑业持续健康发展的意见》	加快推进BIM技术在规划、勘察、设计、施工和运营维护过程的集成应用，实现工程建设项目全生命周期数据共享和信息化管理，为项目方案优化和科学决策提供依据，促进建筑业提质增效

表 1.3－3　　全国各地区 BIM 政策一览表

序号	地区	发文单位	时间	文件名称	主要相关内容
1	上海市	上海市人民政府	2014年10月	《关于在本市推进BIM技术应用的指导意见》	明确了上海市政府未来3年BIM技术应用目标和重要任务，同时也制定了政策落实的具体保障措施
		上海市住房和城乡建设管理委员会	2016年9月	《关于进一步加强上海市建筑信息模型技术推广应用的通知》	明确规定了定价价格应用由建设单位牵头组织实施BIM技术应用的项目，在设计、施工两个阶段应用BIM技术的，每平方米补贴20元，最高不超过300万元；在设计、施工、运营阶段全部应用BIM技术的，每平方米补贴30元，最高不超过500万元
2	北京市	北京市质量技术监督局/北京市规划委员会	2014年5月	《民用建筑信息模型设计标准》	提出BIM的资源要求、模型深度要求、交付要求是在BIM的实施过程规范民用建筑BIM设计的基本内容
3	天津市	天津市城乡建设委员会	2016年5月31日	《天津市民用建筑信息模型（BIM）设计技术导则》	明确规定了天津市BIM技术应用规范，还充分考虑了天津市BIM行业的实际情况，建立BIM设计基础制度，有助于今后BIM设计行业的发展
4	四川省成都市	成都市城乡建设委员会	2016年11月	《关于在我市开展建筑信息模型（BIM）技术应用的通知》	明确规定了设计单位在项目方案设计、初步设计及施工图设计等阶段相对应用BIM设计技术深度应满足《成都市民用建筑信息模型设计技术规定》（2016版）的精度要求。设计单位应对提交设计的BIM模型负责等
5	广东省	广东省住房和城乡建设厅	2014年9月	《关于开展建筑信息模型BIM技术推广应用工作的通知》	明确了未来5年广东省BIM技术应用目标
6	辽宁省沈阳市	沈阳市城乡建设委员会	2016年2月	《推进我市建筑信息模型技术应用的工作方案》	提到了未来3年沈阳市BIM技术应用推广目标。通过试点示范，市场培育和全面推进三阶段落实BIM推广应用工作
7	黑龙江省	黑龙江省住房和城乡建设厅	2016年3月	《关于推进我省建筑信息模型应用的指导意见》	将哈尔滨太平国际机场、哈尔滨地铁、地下综合管廊等作为试点项目，利用BIM技术的应用为未来推进BIM应用提供真实可靠的项目实例
8	浙江省	浙江省住房和城乡建设厅	2016年4月	《浙江省建筑信息模型（BIM）技术应用导则》	明确规定了浙江省BIM技术实施的组织管理和各类BIM技术应用点的主要内容，便于建立完整的BIM工作体系和标准规范

续表

序号	地区	发文单位	时间	文件名称	主要相关内容
9	广西壮族自治区	广西壮族自治区住房和城乡建设厅	2016年1月	《关于印发广西推进建筑信息模型应用的工作实施方案的通知》	明确指出了未来5年广西壮族自治区BIM技术推广应用的具体目标。根据这一目标，广西壮族自治区要通过政策、标准和市场环境三大块来推行BIM技术深入推广，贯彻落实住房和城乡建设部相关政策
10	云南省	云南省住房和城乡建设厅	2016年3月	《云南省推进建筑信息模型技术应用的指导意见（征求意见稿）》	以住房和城乡建设部《关于推进建筑信息模型应用的指导意见》的目标仍为主要发展目标
11	山东省	山东省住房和城乡建设厅	2016年12月	《山东省住房和城乡建设厅关于推进建筑信息模型（BIM）工作应用的指导意见》	推动BIM技术在规划、勘察、设计、施工、监理、项目管理、咨询服务、运营维护、公共信息服务等环节的全方位应用
12	江苏省徐州市	徐州市审计局	2016年8月	《在全市审计机关推进建筑信息模型技术应用的指导意见》	主要提及的是如何在徐州市范围内推广BIM在审计机关的应用
13	湖南省	湖南省人民政府	2016年1月	《关于开展建筑信息模型应用工作的指导意见》	明确了未来5年湖南省关于BIM应用的目标
14	陕西省	湖南省住房和城乡建设厅	2016年8月	《陕西省推进建筑产业化》	进一步明确了推进BIM技术应用的责任，对于如何提高管理水平和工程质量，以及未来3年内怎么逐步推广BIM普及都给出了具体要求
15	安徽省	陕西省住房和城乡建设厅	2014年10月	《转发财政助推建筑业化BIM技术应用的通知》	提出重点推广应用BIM施工组织信息化管理技术
16	重庆市	安徽省住房和城乡建设厅	2015年8月	《安徽省住房城乡建设相关单位关于推进建筑信息模型应用指导意见的通知》	要求各级住房城乡建设主管部门要结合实际，扶持和推进BIM的研究开发和集成应用，制定BIM应用配套激励政策和措施，研究建立基于BIM工程协同管理平台
16	重庆市	重庆市城乡建设委员会	2016年7月	《关于下达重庆市建筑信息模型（BIM）应用技术体系建设任务的通知》	完善重庆市BIM应用技术体系建设，组织单位编制《重庆市建筑信息模型技术深度规定》《重庆市市政工程信息模型实施指南》等

续表

序号	地区	发文单位	时间	文件名称	主要相关内容
17	新疆维吾尔自治区	新疆维吾尔自治区住房和城乡建设厅	2017 年 6 月	《关于开展 2017 年新疆建设工程 BIM 技术应用试点工程申报的通知》	2017 年，新疆维吾尔自治区住房和城乡建设厅将在全疆范围内组织"建设工程 BIM 技术应用"试点工程的实施，新疆建筑业协会 BIM 分会具体负责此项工作的组织落实
18	内蒙古自治区	内蒙古自治区人民政府办公厅	2017 年 9 月	《关于大力发展装配式建筑的实施意见》	鼓励企业加大 BIM 技术应用和推广力度，实现管理、施工信息化
19	福建省	福建省住房和城乡建设厅	2015 年 8 月	《转发住房城乡建设部关于印发推进建筑信息模型应用指导意见的通知》	成立 BIM 应用技术联盟，举办技术研讨会，开展 BIM 技术试点示范应用，形成可复制经验，培育 BIM 技术应用骨干企业等
20	海南省	海南省人民政府办公厅	2016 年 3 月	《关于印发海南省促进建筑产业现代化发展指导意见的通知》	将建筑产业现代化及技术研究列为海南省重点发展产业科技重点攻关方向，增加建筑产业现代化的技术投入，在全省大力推进 BIM 基于网络协同的技术应用
21	贵州省	贵州省住房和城乡建设厅	2017 年 5 月	《贵州省关于推进建筑信息模型（BIM）技术应用的指导意见》	2017 年，贵州省将开展 BIM 技术宣贯，构建 BIM 软、硬件支持平台和企业信息化管理系统，建设 BIM 应用人才团队，推动 BIM 技术应用，在全省有序推进 BIM 技术示范试点应用
22	山西省	山西省住房和城乡建设厅	2016 年 6 月	《关于推进山西省建筑信息模型应用的指导意见》	制定了山西省 BIM 技术在工程建设和管理应用的发展规划。以试点示范为先导，分阶段有序推进 BIM 技术应用，逐步培育和规范应用市场和管理环境
23	河南省	河南省住房和城乡建设厅	2017 年 7 月	《河南省住房和城乡建设厅关于推进建筑信息模型（BIM）技术应用工作的指导意见》	分阶段、有序推进河南省 BIM 技术应用工作，主要包括构建建标准体系、开展试点示范、推进体系创新、加强能力建设、完善监管方式五大重点工作
24	吉林省	吉林省住房和城乡建设厅	2017 年 7 月	《吉林省住房和城乡建设厅关于加快推进全省建筑信息模型应用的指导意见》	充分发挥建设、勘察、设计、施工、咨询和社会组织等市场主导作用，并通过政策引导，激发市场主体转型发展的内在需求，吸引社会投资工程逐步应用 BIM 技术

1.4 BIM 发展趋势和应用前景

BIM 的应用将对建设行业带来革命性的影响。随着 BIM 技术的深入应用和研究，将进一步细化建筑行业的分工，并能够实现三维环境下的协同设计、协同管理和协同运维。空间模型将与环境资源信息深入整合，形成完整的建筑信息模型。不远的将来将通过高水平的虚拟现实技术，以统一的模型实现全生命周期管理。未来，BIM 技术的发展必将结合先进的通信技术和计算机技术，预计将有以下几种发展趋势：

（1）移动终端的应用。随着互联网和移动智能终端的普及，人们已经可以在任何地点和任何时间获取信息。而在建筑领域，大量承包商将为自己的工作人员配备这些移动设备，使设计在工作现场就可以进行。

（2）无线传感器网络的普及。现在可以把监控器和传感器放置在建筑物的任何一个地方，对建筑物内的温度、空气质量、湿度进行监测。然后，再加上供热信息、通风信息、供水信息和其他控制信息，这些信息通过无线传感器网络汇总之后提供给工程师，工程师就可以对建筑物的现状有一个全面充分的了解，从而为设计方案和施工方案提供有效的决策依据。

（3）云计算技术的应用。不管是能耗，还是结构分析，针对一些信息的处理和分析都需要利用云计算强大的计算能力，甚至渲染和分析过程可以达到实时的计算，帮助设计师尽快地在不同的设计和解决方案之间进行比较。

（4）数字化实景建模。这种技术，通过激光扫描设备，可以对桥梁、道路、铁路等进行三维扫描，以获得原始的数据。然后，工程师再以沉浸式、交互式的三维方式进行工作，直观地展示实景的数字化成果。

（5）数字化移交。利用数字化平台建立项目管理系统，通过输入三维数字化模型，按工程部位、专业将工程模型、设备属性信息、工程资料等内容集成，并根据运管部门在设计、施工、运维等环节的管理需求，通过物联网及 BIM 平台创建数据库、服务器等搭建数字化交付平台。平台满足 PC 端、移动端等多种形式的访问需求，具备施工进度管控、成本管控、固定资产管理、事故应急响应管理、设备数据采集分析等功能，从而节约工程建设成本、降低管理成本、提高管理水平、实现工程数字化交付。

1.5 BIM 技术核心价值[6]

1.5.1 BIM 技术对开发建设单位的价值

业主方是项目的发起方，最终整个建设过程的信息都要汇总到业主方，质量、进度、安全和费用是业主方最关注的几个方面，也是整个项目管理的核心内容。随着技术的进步，可持续发展的概念已逐步深入人心，"绿色建筑"的推行给工程行业提出了进一步的要求。例如，政府部门要求工程全生命周期实现"四节一环保"，即节能、节水、节地、节材、环境友好；业主方要求进一步提高对项目各个环节的管控能力。BIM 模型包含工程建设过程中的所有信息，BIM 技术在项目中的深度应用为业主提供了新的管理方法和理念[7]。

　　BIM 技术支持快速形成直观的设计方案，通过三维可视化对项目进行展示，提前进行模拟分析，更加准确地进行项目决策，提高项目质量，使开发建设单位和设计单位用于确定设计方案的时间缩短，从而提高设计效率，使设计单位缩短了设计周期。施工阶段，通过应用 4D 进度管理软件提高进度管理水平，通过对项目进行模拟及优化，使施工周期缩短。2008 年，美国斯坦福大学设施集成化工程中心（Center for Integrated Facility Engineering，CIFE）曾对 32 个应用 BIM 技术的工程项目进行调研，分析表明，BIM 技术可以消除 40％的预算外更改，使造价估算控制在 3％的精度范围内，使造价估算耗费的时间缩短 80％，通过发现和解决冲突可将合同价格降低 10％，使项目工期缩短 7％，可帮助投资方及早实现投资回报。

1.5.2　BIM 技术对设计单位的价值

　　在建筑全生命周期中，设计阶段是一个至关重要的阶段。设计方案的优劣决定了建筑全生命周期后续阶段的成败，例如，设计方案存在瑕疵，有可能增加施工阶段的技术难度并导致较高成本，同时可能造成运维阶段成本的增加。因此，开发建设单位对设计阶段的关注度一般都很高。设计单位应用相关的信息技术可以提高设计效率和质量，降低设计成本，提高设计水平。

　　20 世纪 80 年代以来，计算机辅助设计（CAD）技术已经逐步被我国设计单位所接受，至 2000 年，绝大多数设计单位已经实现了"甩掉图板"。BIM 技术的采用，将进一步提高设计单位的设计水平。BIM 技术给设计单位带来的应用价值主要有以下几个方面：

　　（1）有效支持方案设计和初步分析。在建筑全生命周期中，最重要的阶段是设计阶段，而在设计阶段中，最重要的环节是方案设计和初步分析。因为，方案设计的质量直接影响最终设计的质量。在大型建筑工程的设计过程中，往往需要形成多个设计方案，并进行初步分析，在此基础上进行外观、功能、性能等多方面的比较，从中确定最优方案作为最终设计方案，或在最优方案的基础上进一步调整形成最终设计方案。

　　BIM 技术对方案设计和初步分析的支持主要体现在两方面：一是利用基于 BIM 技术的方案设计软件，在设计的同时建立基于三维的方案模型，从而实现三维可视化设计方案的直观展示。设计人员可以将模型展示给相关各方进行设计方案的讨论，现场问题现场修改，并进行直观展示，从而加快设计方案的确定。二是支持设计人员快速进行各种分析，得到所需的设计指标，如能耗、交通状况、全生命周期成本等。如果没有 BIM 技术，这一工作往往需要设计人员在不同的计算机软件中分别建立不同的模型，然后进行分析。BIM 技术的使用，使得在各种计算机软件中建立模型这一极其烦琐的工作不再必要，只需直接利用方案设计过程中建立的模型就可以了。

　　（2）有效支持详细设计及其分析和模拟。详细设计是对方案设计的深入，通过它形成最终设计成果。与方案设计环节类似，通过使用基于 BIM 技术的详细设计软件，可以高效地形成设计成果；然后，通过使用基于 BIM 技术的分析和模拟软件，可以高效地进行各种建筑功能和性能的分析及模拟，包括日照分析、能耗分析、室内外风环境分析、环境光污染分析、环境噪声分析、环境温度分析、碰撞分析、成本预算、垂直交通模拟、应急模拟等。通过多方面的定量分析和模拟，设计者可以更好地把握设计成果，并可以对设计成果进行调整，从而得到优化后的设计成果。而所有这些分析和模拟工作，由于采用 BIM 技术以及基于 BIM 技术的应用软件，相对于传统的设计方法，即使设计工期很紧，也可以从容地完成，对设计质量的提高起到了十分重要的推动作用。

（3）有效支持施工图绘制。建筑工程基于三维几何模型的 BIM 数据，可以通过基于 BIM 技术的工具软件，自动生成二维设计图。多年来，绘制施工图是设计人员最为繁重的工作。现在，使用基于 BIM 技术的设计软件，可以使其在这方面得到解放，从而更好地将精力集中在设计本身上。

值得一提的是，在传统的设计中，如果发生了设计变更，设计人员需要找出设计图中所有涉及的部分，并逐个进行修改。如果利用基于 BIM 技术的设计软件，则只需对设计模型进行修改，相关的修改都可以自动地进行，这就避免了修改的疏漏，从而提高设计质量。

（4）有效支持设计评审。设计单位进行的设计评审主要包括设计校核、设计审核、设计成果会签等环节。传统的设计评审是使用二维设计图完成的。如果利用 BIM 技术进行设计，设计评审就可以在三维模型的基础上进行，评审者一边直观地观察设计结果，一边进行评审。特别是进行设计成果会签前，可以利用基于 BIM 技术的碰撞检查软件，自动地进行不同专业设计成果之间的冲突检查，相对于传统的对照不同专业的二维设计图人工审核是否有冲突之处的做法，不仅可以成倍提高工作效率，而且可以大幅度提高工作质量。

1.5.3　BIM 技术对施工单位的价值

在建筑工程中，施工单位通过利用 BIM 技术同样可以带来显著的价值。施工单位利用 BIM 技术的价值主要体现在以下几个方面：

（1）有效支持减少返工。在施工过程中，施工单位需要将建筑、结构、机电等各专业设计统一地加以实现。在设计成果存在瑕疵，或者各专业施工协调不充分等前提下，往往出现不同专业管线碰撞、专业管线与主体结构部件碰撞等情况，以至于施工单位不得不拆除已施工的部分，进行返工。应用 BIM 技术，像设计单位进行不同专业的碰撞检查一样，施工单位也可以利用基于 BIM 技术的碰撞检查软件，提前进行各专业设计的碰撞检查，从而在实际施工开始之前发现问题；或者利用基于 BIM 技术的 4D 施工管理软件，模拟施工过程，进行施工过程各专业的事先协调，从而避免返工。

（2）有效支持工程算量和计价。传统的工程算量和计价是基于二维设计图进行的。造价工程师需要首先理解图纸，然后基于该图纸，在计算机软件中建立工程算量模型，进而进行工程算量和计价。对施工单位来说，工程算量和计价需要频繁地进行。因为施工单位平均每投标 10 个项目，才有可能中标一个项目。工程算量和计价是项目投标的必要工作，而且由于准备投标的周期一般都很短，而工程算量和计价涉及大量工作，所以，从事投标工作的人员往往需要加班熬夜。在能获得项目设计 BIM 数据的前提下，使用基于 BIM 技术的成本预算软件，可以通过直接利用项目设计 BIM 数据，省去理解图纸及在计算机软件中建立工程算量模型的工作，对工程算量和计价工作的支持是显而易见的。

（3）有效支持施工计划的制订。在制订施工计划时，必须首先确定对应于每个计划单元的工程量。基于 BIM 面向对象的特性，施工单位利用基于 BIM 技术的工程算量软件，很容易通过计算机自动计算得到每个计划单元的工程量，然后可以在此基础上，根据资源均衡原则，制订实际施工计划。

（4）有效支持项目综合管控。项目综合管控是指对项目的多个方面，包括进度、成本、质量、安全、分包等进行综合管理和控制。由于 BIM 技术基于三维几何模型，且以属性的形式包含了各方面的信息，所以它支持信息的综合查询。例如，对于一个商业楼工程，应用基于 BIM 技术的 5D BIM 施工管理软件，可以任意查询建到某层时需要用多长时间、消耗多少资源、管理哪些工程的分包。这样一来，便于项目管理者对项目进行综合管控。

（5）有效支持虚拟装配。在传统的施工项目中，构配件的装配只能在现场进行，如果构配件的设计中存在问题，往往只能在现场装配时才能发现，这时采取补救措施显然会造成工期滞后，同时也浪费了很多精力。如果使用基于 BIM 技术的虚拟装配软件，则可以从设计成果的 BIM 数据中抽取出一个个的构配件，并在计算机中自动进行虚拟装配，支持及早发现问题，及时补救，可以避免因设计问题造成的工期滞后。

（6）有效支持现场建造活动。随着建筑工程的大型化和复杂化，图纸会变得非常复杂，给现场工人的识读带来很大困难。若使用基于 BIM 技术的施工管理软件，则可以将施工流程以三维模型的形式直观、动态地展现出来，便于设计人员对施工人员进行技术交底，也便于对工人进行培训，使其在施工开始之前充分地了解施工内容及施工顺序。

1.5.4 BIM 技术对运维单位的价值

在项目竣工时，施工方对 BIM 模型进行必要的测试和调整后，向业主进行数字化移交。运维管理方可以得到的不仅是竣工图纸，还能得到反映真实状况的 BIM 模型，里面包含了施工过程记录、材料使用情况、设备的调试记录及状态等资料。BIM 能将建筑物空间信息、设备信息和其他信息有机地整合起来，结合运维管理系统可以充分发挥空间定位和数据记录的优势，合理制订运营、管理、维护计划，尽可能降低运维过程中的突发事件。

（1）数字化管理。数字化的管理模式，依托 BIM 技术，将包含图纸和照片等项目全过程的资料集合到 BIM 模型中，并上传到统一的交付平台，实现集中管理，并进行 3D 可视化的运维管理，其中包含大量关于安装、装修和设备的扩展数据，能够为日常维护提供基础数据，同时建立一个全面的预防性维护措施，实现自动化运维管理。

（2）资产管理。通过 BIM 建立维护工作的历史记录，可以对设施和设备的状态进行跟踪，对一些重要设备的适用状态提前预判，并根据维护记录和保养计划自动提示到期需保养的设备和设施，对故障的设备从派工维修到完工验收、回访等均进行记录，实现过程化管理。另外，基于 BIM 的资产管理系统能与物联网技术相结合，实现集中后台控制与管理，进而很好地解决资产的实时监控、实时查询和实时定位，实现各个系统之间的互联、互通和信息共享。

（3）风险管理。对于规模大、技术难度高的项目，相应的技术要求和标准也更严格。利用 BIM 技术进行运维阶段的风险管理，运维人员可以在 BIM 平台上进行信息的交换和使用，因为 BIM 是为项目全生命周期服务的，可以提供一整套完整的项目数据，不仅能够为项目决策提供全面的、准确的基础数据支持，同时方便运维人员快捷地访问所需要的

风险管理相关数据，以便运维人员能够及时地发现风险隐患，准确定位，实现数字化风险管理，提高管理效率。

（4）节能降耗。通过 BIM 结合物联网技术，日常能源管理监控变得更加方便。通过安装具有传感功能的设备，可实现能耗数据的实时采集、传输、初步分析、定时定点上传等基本功能，并具有较强的扩展性。此外还可以实现室内温度、湿度等数据的远程监测，分析室内的实时温度和湿度变化，配合节能运行管理。例如，在管理系统中可及时收集所有能源信息，并通过开发的能源管理功能模块对能源消耗情况进行自动统计分析，同时可对异常能源使用情况进行警告或标识。

（5）灾害模拟。基于 BIM 模型丰富的信息，可以将模型以 IFC 等交换格式导入灾害模拟分析软件，分析灾害发生的原因，制定防灾措施与应急预案。灾害发生后，将 BIM 模型以可视化方式提供给救援人员，让救援人员迅速找到合适的救灾路线，以提高救灾成效。

1.5.5　BIM 技术对其他参建单位的价值

作为实体的建筑信息模型是存储了项目集成化信息的数据库，并以数据库为核心实现多种不同维度的应用。同时，这样的一个或多个包含了建设工程全生命周期数字化信息的模型实体，也为建设项目的各个参与方提供了一个信息交互的平台。

BIM 的核心在于将原来因分工造成的信息孤岛及碎片高效地整合在一起，其运作方式主要是利用建筑物构件以特定的信息标准表达，传统的建筑物点对点的数据交互方式将会被改变，以 BIM 数据为中心，让项目参与方能够在统一的平台上工作，支持彼此信息的交互，提高工作效率和信息的流通性，让企业能够实现更高的价值。

第 2 章

中国水利水电设计行业发展与 BIM 技术

2.1 "十三五"期间水利投资情况

党的十九大报告中明确提出：深化供给侧结构性改革，加快建设制造强国，加快发展先进制造业，推动互联网、大数据、人工智能和实体经济深度融合。在中高端消费、创新引领、绿色低碳、共享经济、现代供应链、人力资本服务等领域培育新增长点，形成新动能。促进我国产业迈向全球价值链中高端，培育若干世界级先进制造业集群。加强水利、铁路、公路、水运、航空、管道、电网、信息、物流等基础设施网络建设。推进绿色发展，加快建立绿色生产和消费的法律制度和政策导向，建立健全绿色低碳循环发展的经济体系。构建市场导向的绿色技术创新体系，发展绿色金融，壮大节能环保产业、清洁生产产业、清洁能源产业。推进能源生产和消费革命，构建清洁低碳、安全高效的能源体系。推进资源全面节约和循环利用，实施国家节水行动，降低能耗、物耗，实现生产系统和生活系统循环链接。倡导简约适度、绿色低碳的生活方式，反对奢侈浪费和不合理消费，开展创建节约型机关、绿色家庭、绿色学校、绿色社区和绿色出行等行动[8]。

党的十八大以来，党中央高度重视重大水利工程建设，充分发挥社会主义制度集中力量办大事的优势，强化顶层设计，擘画 172 项重大节水供水水利工程蓝图。

重大水利工程是造福民生的主力，是经济社会发展的命脉，是兴国安邦的"重器"，"功"在当代，"利"在千秋。从党中央、国务院的文件到全国两会报告，加快重大水利工程建设摆在了重要的战略位置。中央如此深刻地强调重大水利工程建设，如此系统、密集地部署重大水利工程建设工作，这在我国治水史上极为罕见。

重大水利工程建设迎来了前所未有的历史机遇期，进入加速发展的黄金期。《关于鼓励和引导社会资本参与重大水利工程建设运营的实施意见》《关于加大用地政策支持力度促进大中型水利水电工程建设的意见》《水利部、中国农业发展银行关于专项过桥贷款支持重大

水利工程建设的意见》等一项项利好政策成为重大水利工程建设加快推进的助推剂。

截至 2017 年，在建重大水利工程项目达到 117 项，在建投资规模突破 9000 亿元，水利建设形成了前所未有的规模，取得了前所未有的成就。

中国工程院院士王浩撰文指出："总投资约 1.7 万亿元的 172 项工程，将在'十三五'内全面开工建设并陆续建成，由此每年产生的投资约 3400 亿元"；"以 2014 年宏观经济运行态势为基准，由 172 项工程新增的投资将推动全国 GDP 上升 0.22%"。国家统计局有关数据显示，2017 年 1—8 月，全国固定资产投资同比增长 7.8%，增速比 1—7 月回落 0.5 个百分点。其中，水利管理业投资增长 17.6%，增速提高 0.7 个百分点，增幅在国民经济行业分类中位居前列。

2.2 水利水电设计行业的发展机遇与特征

2.2.1 行业发展机遇

水利水电工程可分为水力发电、防洪、供水及排水、农田水利、环境水利、港口及航道等工程类型。水利水电工程与其他基础建设工程相比，具有影响面广、工程规模大、投资多、技术复杂、工期较长等特点。

水利水电工程设计是水利水电工程建设的灵魂，水利水电工程设计的质量直接影响着水利水电工程的施工质量、功能、安全性能等。因此，解决水利水电工程设计中的问题，不断提高水利水电工程设计质量，并寻求新的突破和发展，是水利水电工程建设发展中的重要内容。

由于自然因素和地理因素的影响，各个地区的气候不同，河流分布也不同，造成全国水资源分布严重不均匀，如西北地区为严重缺水地区。另外，在经济与科技日益发展的今日，我国的城市人口急剧增加，我国的工业也取得了很大的发展，因此生活用水与工业用水的需求也日益旺盛，导致水资源越来越短缺。为了满足全国各地人民的生产生活需要，必须大力修建水利水电工程，认真规划水利水电工程，关注水利水电工程未来的发展趋势。

国务院发布了一系列信息化强国的政策，包括《2016—2020 年国家信息化发展战略》《国务院关于积极推进"互联网+"行动的指导意见》和《国家创新驱动发展战略纲要》等。党的十九大报告中特别强调，加快建设创新型国家，突出现代工程技术，为数字中国、智慧社会建设提供有力支撑。这些都为新时期企事业单位在信息化领域的战略性定位与发展方向提供了宏观上的方向指引。深化 BIM 技术应用作为智慧水利的重要抓手，应按照党的十九大精神的要求，找准短板、把握方向、大力推进。

全国水利系统深入贯彻中央决策部署，积极推进"以水利信息化带动水利现代化"，抢抓机遇，开拓创新，积极推进水利网信事业发展，水利网信工作水平全面提升，为水利改革发展提供了坚实支撑。

（1）水利信息化管理不断强化。

1）明确提出水利信息化发展"十三五"总体思路[8]。2016 年，水利部明确提出"全面提升水利信息化水平，推动'数字水利'向'智慧水利'转变，以水利信息化、网络化和智能化带动水治理体系和治理能力现代化"的总体思路。

2）正式印发《水利信息化发展"十三五"规划》。水利部正式印发了《水利信息化发展"十三五"规划》，成为指导"十三五"时期水利信息化发展的纲领性文件；7 个流域机构均完成了水利信息化"十三五"专项规划审查；黑龙江、上海、福建、广西、贵州、甘肃、宁夏等省（自治区、直辖市）和宁波、深圳等市的水行政主管部门印发了本地区专项规划，加强培训力度，大力宣讲、解读全国水利信息化"十三五"规划。

3）不断加强水利信息化建设与管理。水利部印发了《水利部信息化建设与管理办法》《关于进一步加强水利信息化建设与管理的指导意见》，有效规范了水利信息化建设与管理。水利部办公厅印发了《水利部网络安全与信息化领导小组工作制度》《关于加快推进卫星遥感在水利业务应用的通知》《关于开展水利数据资源调查的通知》。

（2）水利信息化推动产业升级。随着水利行业的快速发展，水利水电工程的技术水平和管理能力不断提高，如三峡工程建造技术水平已居世界前列。但是，工程建造效率低下，粗放型的增长方式没有根本转变，建造能耗高、能效低是水利水电行业可持续发展面临的一大问题。近年来，我国水利水电工程建设技术取得了重要突破，建成了以三峡工程、二滩工程、小浪底工程、南水北调东中线一期工程等为代表的一大批世界一流的水利水电工程。今后一段时期我国水利水电工程建设还将处在高峰期，这一时期工程建设面临同期启动的项目增多、周期缩短和勘测设计技术难度加大等一系列难题；建设高峰期后，这些工程又面临由传统运行管理向数字化运行管理转型的问题。

水利信息化是通过现代信息技术收集、处理、存储、传输、利用水利信息，从而提高水利信息的共享程度和应用水平，提高水利水电建设的整体效率和效益，是对水利信息资源的充分开发和利用。因此，将信息技术应用到工程勘察、设计、建造和管理等全过程，开展工程数字化建设越来越受到关注，互联网＋、BIM、工程数字化等信息技术将成为水利水电勘测设计行业必须掌握的技术手段，并将成为驱动水利水电设计行业业务和技术变革的源动力。

通过实施水利信息化建设，将使水利工作从"工程水利"转变为"资源水利"，从"传统水利"转变为"现代水利"。

2.2.2 行业发展特征[9]

从国家战略和技术发展看，水利水电设计行业发展具有以下主要特征：

（1）经营范围趋向国际化。随着我国水利水电技术的发展，市场竞争在广度和深度上不断深入，竞争呈现国际化格局。国际市场上附加值和技术含量高的综合性项目增多，对技术、资本、管理等能力的要求越来越高，需要一批具备工程总承包、项目融资、国际信贷、设备贸易等能力的企业。

（2）建设模式趋向一体化。我国现行的水利水电工程建设体制和管理模式分为自行建设管理和委托建设管理，而委托建设管理包括两方面：一是委托管理，如代建制、项目管理；二是工程承包，如工程总承包、融资总承包。实施工程总承包，既能节省投资、缩短工期、提高质量，又能推进企业技术创新、转型升级。

（3）生产方式趋向工业化。我国水利水电设计行业处于一种粗放型和数量型的管理方式，效率低，行业规模是靠人海战术、靠加班加点换来的，走"设计标准化、智能化、信息化"的工业化之路，是发展的方向。

（4）行业结构趋向多元化和专业化。当前，行业内大、中、小设计单位均追求做大、做强、做全，同质化低水平竞争激烈，行业更需要走多元化和专业化发展之路，多元化与专业化相互支撑。

水利水电设计行业未来发展方向是市场化、产业化、资本化、国际化和信息化。随着行业监管朝市场化方向进一步深化，设计单位更加关注产业化和产业链后端延伸，更加关注技术的产品化，更加关注体制改革以及 PPP 模式等对接资本的探索，更加关注国内市场的变化和国际市场的深度拓展，更加关注业务与互联网、大数据、云计算等方面信息技术的融合。

以往，水利水电设计行业传统的产业转型，更多是站在业务的角度，以原有主营业务为原点，提倡"以核心业务为主，向上下游延伸"，以及跨行业、跨区域拓展业务的思路。与传统转型路径不同的是，在未来，勘测设计业务面临着与其他领域融合发展的各种可能与需要，例如，设计与文化、产业、资本、数据等方面的融合。目前，有些理念认为，未来勘测设计单位将由设计收费的盈利模式，转向以数据服务为主要价值体现的盈利模式。

2.3　BIM 技术在水利水电设计行业应用现状调查分析

2.3.1　概述

作为行业信息化的重要标志之一，BIM 理念逐渐得到行业设计单位的广泛认同，开展 BIM 应用工作的单位也由最初的几家发展到现在的数十家。BIM 应用为相关单位带来了直接的能力提升和效益体现，也成为行业其他单位学习、借鉴的样板。但是通过调研发现，我国水利水电行业的 BIM 应用整体情况相比欧美发达国家和相关行业还有较大差距，水利水电行业内各单位的信息化发展还处于起步阶段，很多单位技术发展面临瓶颈或者受体制制约，短时间内缺少突破的机制。

目前我国水利水电设计单位数量庞大，具有甲级资质的单位有 106 家，具有乙级资质的单位有 300 余家，从业人员超过 7 万人。

各单位信息化水平差异较大，总体上看，信息化发展分别处于基础支撑完善、业务信息化、信息资源整合和创新驱动变革等 4 个不同发展阶段。水利水电设计单位中，70% 的设计单位信息化发展处于第二阶段或第三阶段，29% 的设计单位信息化发展处于第一阶段，极少数设计单位信息化发展处于第四阶段，如图 2.3-1 所示。

可以预测，未来信息化将成为勘测设计行业大变革的重要驱动力，工程建设将实现产业链集成，协同与智能虚拟工程公司、智能项目管理公司将出现；IT 与业务深度融合，行业发展将有更为广阔的天地。今后一段时期，行业信息化将呈现智能化引领、产业链协同的发展趋势。

水利水电设计行业信息化发展的重点已由新建变为整合，已由单一变为协同，已由分散变为集成。信息化主要围绕信息资源整合、业务流程

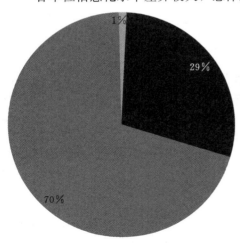

1%
29%
70%

■基础支撑完善　■业务信息化或信息资源整合　■创新驱动变革

图 2.3-1　各单位 BIM 信息化水平

优化（固化）、业务系统集成、智能设计平台建立等 4 个方面发展，形成六化、三全、一新、一中心，即平台标准化、流程自动化、应用集成化、系统网络化、工程数字化、分析智能化，全生命周期、全产业链、全业务环节，新技术应用和综合数据中心，而支撑行业信息化发展需要两大要素：BIM 和基于互联网的云服务模式。

目前水利水电 BIM 应用尚在推广过程中，主要在 BIM 认知、模型建设标准、应用深度等方面存在问题，主要表现在以下几个方面：

（1）BIM 在国外的发展所带来的利益是有目共睹的，但是有很多企业没有清楚或者完全认识到 BIM 是什么，BIM 可以做什么，怎么应用 BIM 等，导致了 BIM 热的假象，从根本上偏离了引入 BIM 的初衷，甚至给企业带来亏损。

（2）不能全面认知 BIM 产品，没有正确地评估 BIM 引入目标和各种 BIM 产品的功能，导致引入的 BIM 产品根本达不到预期的效果。

（3）模型建立不完善，没有完善的 BIM 模型管理机制，无法根据项目全生命周期的发展完善 BIM 模型数据，导致 BIM 模型信息失去其指导管理的意义。

（4）BIM 平台功能实现和应用都不太全面，BIM 应用仅仅停留在可视化、协调组织、信息计算等功能，不能很好地集成应用，降低了 BIM 在施工阶段的应用价值，阻碍了 BIM 在建设施工阶段的发展。

为了有效解决水利水电行业 BIM 深化应用的通用问题，须围绕三维可视化、参数化建模、专业协同以及施工组织模拟等功能开展应用，立足提高工程项目质量、缩短工期、减少成本等，可以提高项目管理水平的关注点，促进 BIM 先进的管理技术流程在水利水电行业真正发挥作用，提高施工质量，减少资源浪费，最终提高项目交付能力，创造项目价值。

2.3.2 行业 BIM 技术应用基本情况

为了全面、客观地反映 BIM 技术在行业的应用现状，水利水电 BIM 设计联盟（以下简称联盟）对水利水电设计单位 BIM 技术的应用情况进行了一次调查。调查共发放 224 份调研问卷，回收问卷数量为 215 份，回收率达 96.0%，样本主要通过会议现场访谈、网站在线调查和电话拜访等方式进行收集。

水利水电 BIM 应用现状从系统工具应用、业务类型、应用成效、单位整体认知、投资规划、业务价值识别等维度展开调研。

（1）投资预算。水利水电设计行业自身 BIM 软件总投资规模约为 4000 万元/a，主要用于工具采购、许可购买和项目实施，各单位均有加大投入的意愿。设计单位普遍认为 BIM 应用应在项目总投资中占一定份额。调研显示，37% 的设计单位认为理想比重为 3%～5%，24% 的设计单位认为理想比重为 5%～10%，24% 的设计单位认为理想比重为 10% 以上，15% 的设计单位认为理想比重在 3% 以下，如图 2.3－2 所示。

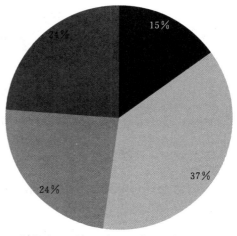

■3% 以下 ■3%～5% ■5%～10% ■10% 以上

图 2.3－2 BIM 应用在项目总投资中的理想比重

大多数设计单位的 BIM 应用处于价值转化初期，有 BIM 专用经费的投入，如图 2.3-3 所示。调研显示，93％的设计单位在 BIM 方面有专用经费投入，63％的设计单位认为 BIM 年度投入资金在 100 万～300 万元较为合理，30％的设计单位认为 BIM 年度投入资金在 100 万元以下较为合理，还有 7％的设计单位认为 BIM 年度投入资金在 300 万元以上较为合理，如图 2.3-4 所示。

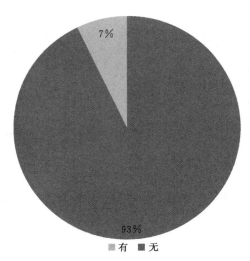

图 2.3-3　BIM 专用经费投入

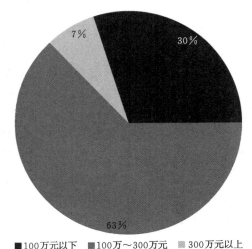

图 2.3-4　BIM 年度投入资金合理度

（2）平台应用情况。调研显示，设计单位使用 BIM 平台主要解决专业间协同以及绘图和出图效率的问题，只有少数设计单位使用 BIM 平台解决企业管理的需要。BIM 技术更多是解决设计过程中的实际操作问题，在项目管理层面应用较少。行业应继续加强对 BIM 技术价值的深度挖掘。BIM 软件平台解决问题的类型如图 2.3-5 所示。

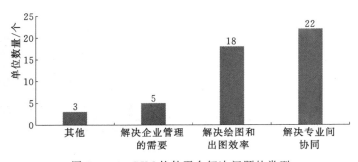

图 2.3-5　BIM 软件平台解决问题的类型

调研显示，已熟练使用 BIM 平台 3 年以上的设计单位占比为 54％，使用 BIM 平台 1 年以下的设计单位占比为 42％；水利水电行业 BIM 应用的基础积累已经初步完成，结合行业特征，深化应用将成为水利水电行业下一阶段的核心问题，如图 2.3-6 所示。

水利水电行业 BIM 产品服务商主要为 Autodesk 公司、Bentley 公司和 Dassault 公司，其中应用 Bentley 软件的设计单位占全部设计单位的 35％，应用 Autodesk 软件的设计单位占 35％，应用 Dassault 软件的设计单位占 30％，如图 2.3-7 所示。

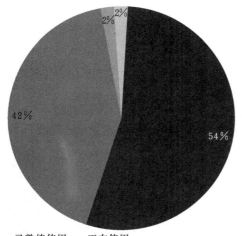

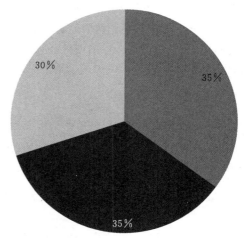

图 2.3 - 6 BIM 平台使用时间   图 2.3 - 7 BIM 产品应用情况

由于各类工具的业务特点和解决问题的出发点不同，导致超过 50% 的设计单位接触过两种以上的 BIM 平台，如图 2.3 - 8 所示。

除平台软件外，设计单位还配套使用了 Abacus、Ansys、Flac 和 Fluent 等分析软件，其中使用 Ansys 分析软件的设计单位占比为 45%，使用 Abacus 分析软件的设计单位占比为 28%，使用 Fluent 分析软件的设计单位占比为 20%，使用 Flac 分析软件的设计单位占比为 7%。调研显示，设计单位使用的应用系统趋于多元化，一个应用系统很难解决企业的所有问题，如图 2.3 - 9 所示。

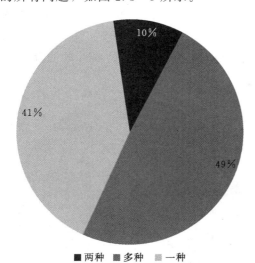

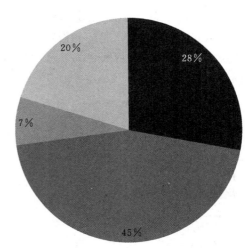

图 2.3 - 8 BIM 平台接触种类情况   图 2.3 - 9 BIM 分析软件使用情况

大多数设计单位在使用多家厂商的产品，并尝试建立统一的 BIM 管理类平台软件来解决多产品信息交互的问题，其中 63% 的设计单位希望建立统一的管理平台，但因技术难度较大，仅有极少数企业着手建设，如图 2.3 - 10 所示。建议水利部水利水电规划设计总院主导各设计单位统一思路，共同建立统一的底层管理平台。

（3）应用规模分析。调研显示，水利水电 BIM 应用处于起步阶段，大部分设计单位因项目需要而采购 BIM 产品。其中，71%的设计单位正在使用 BIM 产品，17%的设计单位偶尔使用 BIM 产品，少数设计单位因项目结束而不再使用 BIM 产品，占比为 7%，如图 2.3－11 所示。

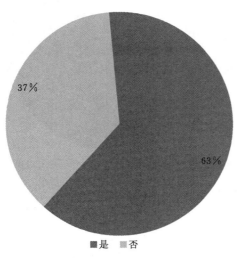

图 2.3－10　是否期望建立统一管理平台

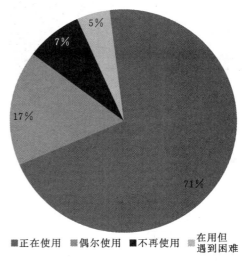

图 2.3－11　BIM 软件购买后使用情况

调研显示，超过一半的设计单位对 BIM 软件使用非常频繁或比较频繁，其中 46%的设计单位使用 BIM 软件比较频繁，34%的设计单位偶尔使用 BIM 软件，10%的设计单位使用 BIM 软件非常频繁，另有 10%的设计单位暂无项目应用 BIM 软件，如图 2.3－12 所示。

调研显示，设计单位应用 BIM 的项目总数约 200 个，其中 37%的设计单位应用 BIM 的项目数量超过 10 个，24%的设计单位应用 BIM 的项目数量为 5～10 个，还有 32%的设计单位应用 BIM 的项目数量为 2～5 个，仅 7%的设计单位应用 BIM 的项目数量为 1 个，如图 2.3－13 所示。

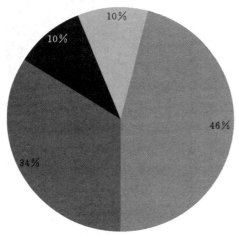

图 2.3－12　BIM 软件使用情况

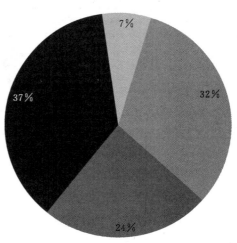

图 2.3－13　BIM 应用项目数量

调研显示，设计单位主要将 BIM 技术应用于大型综合项目，占比为 53%；部分设计单位主要将 BIM 技术应用于周期长和工程难度大的项目，占比分别为 17% 和 16%；还有 14% 的设计单位将 BIM 技术主要应用于资金充裕的项目，如图 2.3 - 14 所示。

调研结果反映出，目前多数单位的 BIM 应用还处于起步阶段，单位层级的 BIM 应用组织管理体系普遍没有建立或建立不够全面、系统。建议联盟结合行业 BIM 开展较好单位的实施经验，以及各类设计单位的特点和 BIM 应用需求，总结提炼适合各类设计单位 BIM 工作推进的方案，促进各单位 BIM 应用组织管理体系的快速、有效建立，指导各单位从 BIM 组织推进的规范性、全面性、可操作性等方面加强 BIM 工作整体策划和实施。

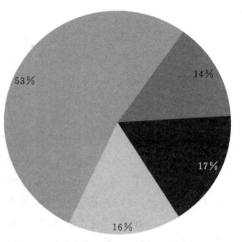

图 2.3 - 14　BIM 应用项目类型

■ 工程难度大的项目　■ 大型综合项目
■ 资金充裕的项目　　■ 周期长的项目

1）BIM 应用标准作为规范 BIM 应用工作的关键保证，应加快标准体系和重点标准的编制工作。目前有许多单位已结合自身工作需要编制了一定数量的 BIM 应用标准，并在实际工作中发挥了重要的作用，建议联盟结合行业应用实际情况，选择重点内容尽快开展编制工作，如信息分类编码标准、专业应用流程标准、专业建模标准、制图标准、成果交付与归档标准、数据交换接口标准等。鉴于目前部分 BIM 技术标准还难以实现跨平台通用，可结合 Autodesk、Bentley、Dassault 三大平台分别编写相应标准。

2）多数单位已结合 Autodesk、Bentley、Dassault 三大平台开展了大量以水利水电工程设计为主的 BIM 应用工作，但在平台集成度、数据互通性、专业设计功能等方面还存在许多问题，第三方软件也是同样情况。建议联盟与相关厂商协商，推进问题的解决。同时，各基础平台、第三方软件在许多单位均有一定规模的应用，建议联盟能够争取更优惠、更灵活的软件采购和应用方式，降低各单位软件使用成本，促进 BIM 应用工作更加广泛地推进。

3）多数单位已建或拟建 BIM 研发团队，希望通过技术研发工作提高 BIM 技术应用的能力和水平，更加准确、有效地满足 BIM 设计工作的需要。建议联盟结合各单位 BIM 应用平台及软件研发能力，组建相对稳定的联盟技术研发团队，同时加强与相关厂商的研发合作，及时了解联盟 BIM 应用工作需求并开展研发工作，提升行业 BIM 应用需求的满足度。

4）联盟各单位目前已开展了许多 BIM 应用研发工作，也取得了一定的研发成果并得到实际生产应用，且各研发单位基本愿意在联盟中采取有偿共享的方式进行共享，推广应用能够在短期内较好地促进部分专业或局部设计工作的提升。建议联盟根据现有研发成果，统一组织研究相关成果的适用性、完善性以及共享使用和管理方式，选择重点成果进行完善、拓展延伸等研发工作，形成满足行业业务应用需要、较为系统的专业设计系统，更好地支持各单位 BIM 应用工作的开展。

5）各单位对专业设计软件的研发需求较多，但主要集中在地质、水工、出图、构件库以及专业协同等方面，相关工作与水利水电工程专业设计工作结合紧密，行业设计单位的技术研发能力基本能够满足研发工作需求。建议联盟组织相关设计单位联合软件厂商开展研发工作，重点可考虑地质专业建模及与水工专业集成应用、水工建筑物参数化设计、三维配筋、三维出图、三维可视化校审、数字化交付等内容，解决各单位 BIM 应用中的突出技术问题。

6）联盟各单位目前均基于各自所选基础软件平台（Autodesk、Bentley、Dassault 等平台）建立了 BIM 应用技术解决方案，方案中包括各基础平台、第三方专业设计软件、自主研发成果等，多数单位工作开展还不够系统、全面，因此 BIM 解决方案还不够完整。建议联盟结合行业应用需求、基础平台及相关专业软件的适用性，提出较为适用、完整、分别基于各基础平台的水利水电行业 BIM 应用技术解决方案，促进、指导各单位 BIM 应用技术解决方案的建立和完善。

7）联盟各单位对 BIM 的应用多数处于设计专业局部应用或以下的状态，虽有一定的工作基础，但整体应用推广的效果及经验积累有限，短期内有大的提升比较困难。建议联盟组织应用 BIM 较好的单位，重点结合各类工程项目各阶段（可行性研究、初步设计阶段、施工详图设计阶段）及主要专业（地质、水工、施工、金属结构、机电等专业）BIM 应用的实际经验，总结出各类 BIM 应用案例，为各单位提供借鉴，使其减少实际工作中的错误，尽可能少走弯路。

BIM 技术的不断普及和深度推广，使企业不仅明白 BIM 技术对于企业的重要性，同时也体会到 BIM 技术为整个行业都带来了革命性变革。此外，水利水电企业也越来越清晰地认识到只有利用先进技术手段才能支撑不断变化的业务需求。

2.3.3 行业 BIM 技术应用存在的问题

从水利水电设计行业整体上看，现阶段各单位信息化发展极不均衡，虽然有少数信息化与工业化深度融合的优秀典范，但大多数单位的信息化水平还比较落后。水利水电设计行业信息化在整体上和局部上面临诸多挑战，不得不承认行业对 BIM 技术领域的研究还处于探索阶段，未来行业 BIM 发展还存在不确定性，需要共同解决标准、市场、价格、技术、共享、人才和认知等问题。

（1）行业标准缺失。在水利水电行业最先引入 BIM 技术的是设计单位，设计单位引入 BIM 技术的初衷就是利用 BIM 技术提高生产效率、优化设计质量，但是缺乏有效的数据交换格式及行业标准规范，各方信息得不到有效的传递，模型应该怎么做，交付的 BIM 模型应该完成到什么程度，这些都需要一个行业化的 BIM 标准来限定，通过行业标准来整合资源，形成产业链。

目前《建筑工程信息模型应用统一标准》和《建筑信息模型施工应用标准》已发布，但水利水电设计行业 BIM 技术不统一，缺乏完善的 BIM 应用标准、交付标准、应用模式及规范等，在项目招投标、施工图审查、竣工验收等管理制度方面缺失严重。制定统一的水利水电 BIM 应用标准，可以降低水利水电工程建设各专业人员实施 BIM 的难度。

（2）市场不成熟。对于 BIM 市场发展较好的建筑行业，技术应用已经成熟，产业结构合理，在提高企业生产效率的同时，也带动了行业的发展，形成了一种刚需。但是在水利水电行业，BIM 应用还仅仅停留在设计阶段，如何去打通产业链，形成新的水利水电 BIM 市场是未来行业很长一段时间需要去做的事情。

市场竞争促进了价格的下降，但是行业内的 BIM 技术支持方的水平参差不齐，导致提供的成果质量有较大的差异，造成市场的混乱。很多水利水电业主虽然意识到了水利水电 BIM 的重要性，开始提前进行 BIM 投入，但是由于没有合理的定价机制，给人一种眼花缭乱的感觉，让人无从下手，给业主造成很大困惑，这些都需要建立公平合理的定价机制。

（3）企业急功近利。面对 BIM 的应用趋势，虽然部分国内设计单位在积极尝试，但多数只是试探性地局部应用，只在表面上提高设计服务的竞争力和附加值。BIM 技术应用的收益和成本没有得到系统评估，导致 BIM 技术未在水利水电行业全面普及推广。企业推进 BIM 应用的障碍有两个方面的因素：一方面是工程师设计思维及方法的转型障碍，初期转型，对 BIM 平台理解不足，造成效率低下，增加了难度；另一方面是 BIM 平台本身的缺陷，现阶段与传统二维图整合不良，并且水利水电行业 BIM 建模精度要求高，使设计师上手困难，设计方案受限。

（4）技术解决方案未形成。水利水电 BIM 由于其特点及发展历程，市场较小，不能像建筑行业或机械制造行业那样有专业的技术提供商提供符合行业规范的 Revit、Catia 等 BIM 工具。但技术的相通性决定多元化的软件使用也是可行的，这种借用的方式好的一面是多样化发展能够促进技术进步，但同时也会造成价格昂贵、认知混乱、不能落地、共享困难、难以交付等问题。水利水电 BIM 虽然难以统一行业技术标准，但也不能放任自流，需要整合资源，调整结构，建立行业技术解决方案，形成水利水电标准格式的 BIM 数据管理和交付平台。

（5）数据共享机制未建立。水利水电工程项目具有建设规模大、涉及专业多、建设周期长、分布范围广、参与单位多等特点，项目建设各过程数据孤立，造成数据无法及时共享，其主要原因有两点：一是各厂商的平台工具各异；二是各种管理系统独立存在。

BIM 技术作为后起之秀，各方竞争激励，造成了资源割据、无法统一的现象，进而造成很多重复性的工作还是需要重复去做，浪费时间和精力，人们必须意识到，BIM 不是一个人、一家企业能够完成的事业，而是需要所有行业人一起去努力，"独善其身"是做不好 BIM 的，只有加强共享、共同发展，形成良好的共享机制，才能形成良好的生态圈，让水利水电 BIM 得到蓬勃的发展。

（6）产业结构整合不到位。水利水电工程信息化涉及产业链、全生命周期、全业务过程的信息共享与协同，面越来越广，深度越来越深，难度越来越大，全局、体系化的应用尤为重要。其主要有 3 个方面的挑战：①信息系统安全问题越来越突出；②信息整合与流程优化的深度、广度不能满足企业发展需求；③设计集成、施工管理、项目管理、协同办公、运营管理等核心业务系统发展不均衡。另外，由于数字化工程刚刚起步，诸如标准、技术、方法、交付、构架、集成模式，以及与文档管理系统的整合、与核心业务系统的集成等问题需要逐步研究解决。知识与项目组合管理、决策支持系统的开发应用尚处于初级阶段，支撑作用有限。建设与管理系统如何满足业主对交付、移交管理的高要求，还处于探索阶段。

（7）配套管理不足。新技术的发展给管理模式、业务流程、人员晋升机制带来一系列的影响。如何结合水利水电行业特征，根据 BIM 技术发展制定有效的管理配套方案，主要应解决两方面问题：一是业务流程优化滞后，BIM 的价值没有最大化体现在全生命周期的应用；二是人员组织保障缺失。

2.3.4 行业 BIM 技术应用的期望

未来将进入万物互联的全新时代，云计算、大数据、物联网、移动化和人工智能（简称"云、大、物、移、智"）成为人人都在关注的话题。BIM 技术将会普遍应用到水利水电规划和水利水电工程的设计、建设、运维等方面，且投入持续增长。水利水电数字化、网络化、智能化与全产业链协作水平将不断增强，逐步形成基于"BIM＋"的建造模式。

水利水电行业上下游产业链长、参建方多、投资周期长、不确定性和风险程度高，更加需要和强调资源的整合与业务的协同。从 BIM 的本质来看，BIM 是以三维数字技术为基础，集成了项目各种相关信息的工程数据模型，是对工程项目设施实体与功能特性的数字化表达。一个完善的信息模型，能够连接建筑项目生命期不同阶段的数据、过程和资源，是对工程对象的完整描述，可被建设项目各参与方普遍使用，因此，BIM 技术的应用和推广必将为行业科技创新和生产力的提高提供很好的手段。

新技术、新手段与传统水利水电设计行业相融合，实现了数字化的转变升级，BIM＋GIS＋物联网实现了万物互联，实现了地理信息数字化的转变，实现了信息模型从宏观到微观的整合互补。BIM＋VR/AR 技术能够让虚拟与现实紧密地结合到一起，BIM 与虚拟现实技术集成应用主要内容包括虚拟场景构建、施工进度模拟、复杂局部施工方案模拟、施工成本模拟、多维模型信息联合模拟以及交互式场景漫游等，目的是应用 BIM 信息库辅助虚拟现实技术更好地在水利水电工程项目全生命周期中应用。

数字信息化、信息网络化等技术在工程建设领域呈现出突飞猛进的发展趋势，水利水电工程建设管理与信息技术的深度融合是必然的发展态势，利用水利水电 BIM 技术可逐渐改变工程建造模式，推动工程建造模式转向以全面数字化为特征的数字建造模式，为水利水电行业创造新的价值。

可以说，BIM 技术是引领水利水电行业信息化走向更高层次的一种新技术，它的全面应用将为行业的科技进步产生无可估量的影响，可大大提高工程的集成化程度。同时，也为行业的发展带来了巨大的效益，使规划、设计、施工乃至整个工程的质量和效率显著提高，降低了成本，减少了返工，减少了浪费，促进了项目的精益管理，加快了行业的发展步伐。

2.4 企业 BIM 应用能力分级

根据企业的人员能力、工具积累、管理体系等方面的 BIM 应用现状和水平，从基础到高级，一般可以将企业 BIM 应用能力分为 BIM 技术概念普及、专业级应用、项目协同设计应用和企业级常规化应用 4 个层次。

BIM 实施第一阶段：BIM 技术概念普及。企业的 BIM 应用从无到有，组建机构并选拔团队人员，规划机构的职能定位和发展方向以及团队个人的职业培养方向。

BIM 实施第二阶段：专业级应用。针对企业中各个需要应用 BIM 的专业进行专业应用的研究和探索，通过对专业业务的实际操练，总结出适合本企业的业务工作模式和流程，并对专业人员技术能力进行培养，逐步形成一批具有 BIM 能力的专业人员。

BIM 实施第三阶段：项目协同设计应用。在各专业应用的基础上，通过试点项目的研究和探索，进行多专业协同工作的实际应用，并通过试点项目总结出一套项目级应用的生产组织模式和流程。

BIM 实施第四阶段：企业级常规化应用。在以上 3 个阶段应用的基础上，总结经验，形成本企业的 BIM 管理体系文件（包括生产组织管理、业务流程管理、协同管理、考核等文件），并进行发布。各专业形成本专业的业务操作手册和模型库。具备这些条件后，通过几个重点项目逐步推广，最终达到企业级常规化 BIM 应用。

实施篇

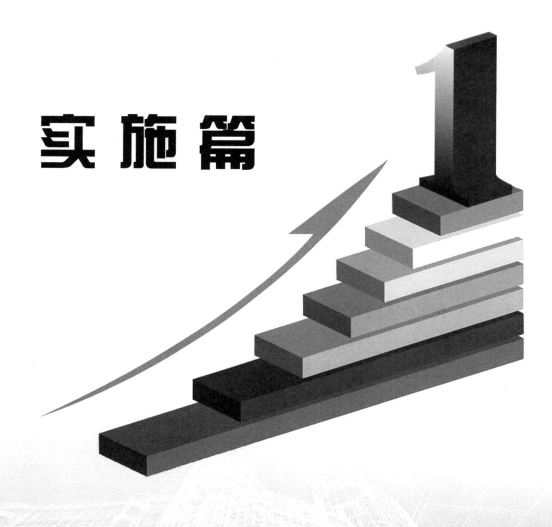

BIM 实施第一阶段

3.1 实施目标

在该阶段，实施企业处于"0"状态，对 BIM 概念、相关理论及应用都还不十分了解，获取或得到的也是碎片化的零散理念，不成体系。在这样的起始阶段，BIM 实施主要以 BIM 基础理论宣贯为主，强化企业各级成员对 BIM 技术的认识，营造学 BIM、用 BIM 的良好氛围，为下一步推进 BIM 技术应用做好准备。同时，组建企业 BIM 组织架构，明确机构职责，确定相关激励机制。通过 BIM 技术实际应用的能力，选拔团队的领导者及成员，并规划个人培养方向。

在 BIM 基础设施建设方面，根据企业规模，确定硬件配置方案，选定各专业设计软件及协同设计平台等 BIM 工具。

在该阶段末，应形成企业的 BIM 战略规划相关文件，由企业领导层或负责战略的部门牵头，BIM 团队作为核心执行者，进行文件的起草工作。

3.2 实施策划

在该阶段，企业应首先启动 BIM 实施第一阶段策划工作。策划工作有两个必要条件，一是起草策划方案的人员，二是负责策划人员的 BIM 技术储备。

根据这两个条件的要求，首先应在企业领导层确定负责分管 BIM 工作的领导人选；其次确定 BIM 团队的 1～2 个核心人员，负责具体的执行工作；然后根据企业的实际情况，通过调研或外聘咨询团队进行初步的 BIM 学习工作，使分管领导和 BIM 团队核心人员对 BIM 技术有宏观方面的了解，具备起草策划方案的知识储备。

该阶段的实施策划应根据该阶段的实施目标展开，将总体目标进行分项分解细化成可

执行的工作任务，落实负责人员和进度计划时间节点，确保策划有效落实和执行。

该阶段的实施流程大致如下：

（1）领导层内部启动 BIM 实施计划，落实分管领导，指定 BIM 团队核心人员。

（2）由分管领导带队，BIM 团队核心人员参加，通过调研或外聘专业咨询团队进行初步的 BIM 理念和知识学习工作。

（3）对企业中层以上干部和领导实施 BIM 基础理论宣贯。企业可通过外聘专业咨询团队实施此项工作。

（4）组建第一阶段的 BIM 团队，落实人员及政策等一系列企业管理相关事务。

（5）对企业 BIM 实施的硬件环境进行一期建设或改造，对 BIM 实施的软件及协同平台进行采购和架设部署。

（6）由企业分管领导牵头，确定本企业的 BIM 战略规划。

3.3　实施内容与步骤

3.3.1　BIM 基础理论宣贯

（1）实施目的。实施 BIM 基础理论宣贯的重点是针对"0"起点的企业，建立 BIM 的全局观念，对 BIM 有比较清楚和全面的认识，能够在工作中正确地认识和开展 BIM 相关工作，避免由于对 BIM 认识不清、不全面，或者看问题的高度不够引起的消极因素对工作开展造成不利影响。

（2）实施对象。企业 BIM 实施初始阶段以及后面各个阶段推进工作的关键取决于中层以上的领导层对 BIM 相关工作的态度和执行程度。BIM 实施不仅仅是改变设计人员设计工作的方式，而更重要的是改变生产管理和各专业协同的方式。这种系统性的生产方式的改变，在初始阶段会产生一定的不适应性，从而使 BIM 实施不可避免地遇到阻力。因此作为企业的核心管理团队，应能清楚地认识和对待 BIM 技术的变革对企业未来发展的作用，从企业战略和宏观方面进行判定，坚定不移地将变革进行到底。

（3）实施内容。

1）了解 BIM 政策导向、技术原理、BIM 技术应用点。

2）了解 BIM 技术对行业和企业的核心价值点。

3）树立 BIM 理念，正确引导 BIM 技术发展方向。

4）拓展 BIM 技术的应用等。

3.3.2　企业 BIM 组织机构

BIM 技术的实施与推广必将引起企业人力资源、组织结构、业务流程等方面的变化，要依照企业的整体战略及规划、BIM 实施模式，循序渐进地推进，还要与传统方式做好衔接和融合，不可一蹴而就。

（1）BIM 组织机构模式。根据企业 BIM 实施的现状调查，目前有以下 3 种较为典型的 BIM 实施模式：

1）企业设立独立 BIM 应用专业团队的模式。该实施模式是指在企业内部设立专门的 BIM 研究部门，总体负责企业 BIM 的实施和推广工作，为其他各部门或项目进行模型创建、碰撞检查、专业综合、性能分析等 BIM 相关工作提供技术支持和解决方案。

这种模式不会对现有生产方式产生大的影响，而是通过典型项目 BIM 实施，解决部分原来工作方式难以解决的问题，积累经验，直接或间接地影响业务部门的设计人员对 BIM 的认知和理解，为全员推广 BIM 奠定基础。

这种模式通常的做法是在原有的企业信息化部门内进行数字化人员的扩充，从而建立 BIM 专业团队。该团队在 BIM 实施和推广过程中，主要的工作职责在于引领和推动企业的 BIM 技术应用与实施，服务于企业的主要专业和重点业务。在完成企业的 BIM 技术推广和普及工作之后，企业全员具备了 BIM 应用能力的时候，BIM 团队或回归专业部门，或继续向企业的延伸领域或其他方向进行拓展。

2）企业全员、全专业、全流程 BIM 应用的模式。该实施模式是指企业根据自身能力和情况所确定的整体推动 BIM 应用的方式。要求在一定时限内实现企业内部全员、全专业、全流程 BIM 应用，要完成相应的资源配套和标准规范建立。

这种模式通常是成立由企业主要决策者组成的 BIM 领导小组和 BIM 工作小组。通过若干典型项目实践，培养各部门各专业 BIM 应用骨干，逐步积累 BIM 应用经验和设计资源，最终实现全员 BIM 应用。由于真正基于业务过程展开，更利于 BIM 经验的快速积累、BIM 相关标准和制度的研究与建立。与第一种模式相比，没有专门的 BIM 支持部门，需在短时间内培养大批 BIM 技术人员，BIM 数据管理一般仍由信息中心承担。

这种模式必须有充分的资源投入和很强的执行力，实施期间对生产影响较大，具有较大的风险。

3）企业 BIM 应用外包的模式。该实施模式是指企业尚不具备成立 BIM 团队的能力，有明确 BIM 需求时，存在缺少 BIM 专业人才、缺乏 BIM 组织实施能力等问题，则采用项目外包或人力资源外包的方式解决。这种模式一般为小型设计企业所考虑。

通常来说，省级设计院是以项目生产为导向的企业，中小项目多，任务重、时间紧，实施 BIM 时不得不考虑对生产任务的影响。

综合上述 3 种模式，BIM 组织机构大致如图 3.3 - 1 所示。

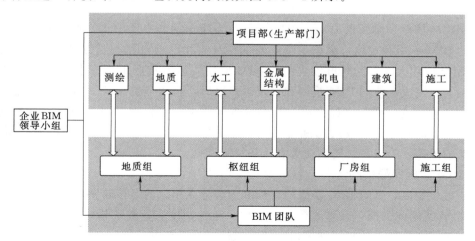

图 3.3 - 1　BIM 组织机构

企业 BIM 领导小组：由分管企业领导任组长，成员由企业领导、副总工组成。负责指导、审核、批准企业 BIM 应用发展规划和阶段实施计划，协调 BIM 资源，督查落实年度计划编制、年度计划完成情况，审核、批准企业 BIM 标准规范和研究成果等，审核、批准企业 BIM 相关重大决策等。

企业 BIM 领导小组下设办公室，由各部门负责人和 BIM 团队主要成员组成，负责协调各部门 BIM 资源。日常工作由 BIM 研究部门负责人主持。

专业生产部门：由工程相关的主要专业构成，包括测绘、地质、水工、机电、金属结构、施工、建筑等专业，随着应用的深入，逐步加入规划、移民、水保等专业。专业生产部门根据 BIM 应用要求，安排设计人员参与 BIM 相关工作，作为 BIM 实施的主体进行 BIM 应用的实施与推广。

BIM 研究部门：由企业各个专业抽调的骨干设计人员组成，对专业设计业务精通的同时，还要对 BIM 有一定的兴趣和能力。部门的职责是负责企业 BIM 实施的全面推进工作，包括 BIM 解决方案制定、标准规范编制、软硬件选型、人员培养和技术支持等。

（2）BIM 研究部门岗位职责初步划分。

1）部门主管：负责企业 BIM 规划的实施，确定 BIM 技术路线，保障技术环境支持，组织和管理 BIM 团队，协调各部门 BIM 资源，协调对外合作及外部咨询团队。能力要求：有资深的项目管理经验，对 BIM 有一定的认识，有很强的 BIM 推动执行力。

2）BIM 总工：负责 BIM 项目综合评估，协调 BIM 资源投入，管理专业间协作，控制 BIM 实施计划与进度，审核 BIM 模型、文件，组织编制相关 BIM 标准规范等。能力要求：有一定的项目管理经验，对 BIM 有深刻的理解，有一定的 BIM 推动执行力。

3）BIM 工程师：根据专业要求完成 BIM 模型创建、检查、分析、专业协同、出图等工作，并协助编写操作指南、流程和标准。能力要求：有丰富的专业设计经验，精通多个建模软件，对 BIM 有深入的了解。

4）BIM 数据管理工程师：负责协同平台的管理维护，BIM 模型、文件、资源库等的管理维护，协助 BIM 模型检查。能力要求：有丰富的 IT 运维管理经验，了解多个建模软件，对 BIM 有一定的了解。

（3）BIM 团队后期发展方向。BIM 团队在组建初期，主要的工作职责在于引领和推动企业的 BIM 应用和实施，服务于企业的主要专业和重点业务，需要的人员主要是专业对口的 BIM 应用人才，此时可以先组建 BIM 应用团队，重点工作在推动企业的 BIM 实施和落实。在完成企业的 BIM 推广和普及工作之后，企业全员具备了 BIM 应用能力的时候，BIM 团队的这一职责已经完成，其自身也需要进一步转型升级。BIM 团队在这个时刻到来之前，应做好自己发展的准备工作，这时还需要 BIM 研发人员和市场开拓人员，培养专业的团队，为自身的转型业务和市场奠定基础。

3.3.3　BIM 实施保障机制

（1）考核制度。针对 BIM 实施的目标和内容建立相应的考核制度。

在 BIM 实施的前期，并未进行全面推广，考核制度实行奖励措施，以鼓励为主。相关经费以科研产值的形式根据课题研究的完成情况进行核发。

在 BIM 实施的后期，即全面推广阶段，考核制度实行奖惩措施，并以奖惩并重的形式严格执行。在此期间，考核需要有客观的量化指标，对 BIM 实施过程及结果进行全面考核，相关指标根据企业的特点，秉持公正合理的原则进行制定。

1）明确考核范围：明确规定纳入考核的项目部及生产部门，每年度在年初以企业发文的形式进行公布。

2）明确对项目部和生产部门考核的各项量化指标：是否编制 BIM 实施策划文件、进度计划；是否进行了模型的建立、校审，并在协同平台上协同；三维模型及图纸的计划数量和完成数量，三维图纸数量占本项目或部门图纸总数的比例；客户满意度等。

3）明确奖惩措施具体计算规则：根据量化指标，对奖励和惩罚措施制定具体的计算规则，并进行公布，公开透明地执行。

（2）技术保障支持。在考核的项目部中，应配置专门的 BIM 技术人员辅助项目经理开展 BIM 实施相关工作，并根据项目的重要性，对 BIM 技术人员给予相应的岗位待遇。

在考核的生产部门中，应成立专门的 BIM 技术研究小组，牵头负责本部门 BIM 实施相关工作，与企业 BIM 团队进行工作上的对接。

（3）BIM 技术培训。根据企业的需求，每年度应安排 BIM 技术培训，并针对不同层次开展对应深度的培训。对新进员工进行初级培训，对初级使用者进行中级培训，对 BIM 负责人和 BIM 整合人员进行高级培训，对企业中层以上领导干部进行 BIM 专项培训等。BIM 技术培训的次数根据企业的规模和需求来确定，一般初期次数较多，后期逐渐减少。培训可采用由软件公司人员、第三方培训机构人员或企业内部人员担任培训讲师的形式开展工作。

（4）BIM 考试。根据企业的需求，每年度安排 BIM 考试，一般以 1~2 次为宜。考试可直接采用国家、软件公司、第三方培训机构的 BIM 等级考试，对通过与不通过的人员有相应的奖惩措施。例如，第一次参加考试人员的报名费用可由企业承担，不通过的后续报名费用由个人承担；将考试证书作为职称评定的要求；对各生产部门的 BIM 考试通过率进行考核。

（5）BIM 技能比赛。在 BIM 实施中期，可由企业党工团等组织牵头举办 BIM 技能大赛，并由 BIM 部门进行技术支持，形式可以采取提交项目成果或者现场实操竞赛等，目的在于通过这种方式，使得 BIM 实施更加多样化，营造学习 BIM 的氛围，并对熟练掌握 BIM 技术的人员给予一定的物质和精神奖励。

（6）BIM 实施简报。在 BIM 实施的所有阶段，均需要按月或季度进行 BIM 实施情况的汇报，及时总结和激励，确保 BIM 实施的连贯性和持续性，才能不断地突破阻力而前进。BIM 实施简报要如实反映本时间段内各项目和各部门的 BIM 实施情况，使得各项目和各部门相互比较，并相互传递一定的压力，形成一种良性循环，促进 BIM 实施的顺利进行。

3.3.4 硬件配置

企业应根据 BIM 实施阶段并结合企业规模，确定开展 BIM 设计的技术人员规模，从而得出硬件配置方案。

（1）设计人员单机方案。硬件建设方案一般分为独立工作站方案和企业云方案两种。在 BIM 实施初期和中期，均可以采用独立工作站方案，根据应用人员的数量确定配置工作站的数量。根据 2017 年计算机硬件水平，独立工作站的建议配置见表 3.3-1。

表 3.3 - 1　　　　　　　　　　　　个人单机配置表

项目	基本配置	标准配置	高级配置
BIM 应用	局部设计建模、模型构件建模、专业内冲突检查	多专业协调、专业间冲突检查、精细展示	大规模集中展示
适用范围	适合大多数人员使用	适合骨干人员、展示人员使用	适合少数高端人员使用
配置需求	操作系统：微软 Win7 SP1 64 位（Enterprise、Ultimate、Professional）、微软 Win8.1 64 位（Enterprise、Professional、Windows 8.1）、微软 Win10 64 位（Enterprise、Professional）		
	CPU：单核或多核 Intel Pentium、Xeon 或 i 系列处理器，或性能相当的 AMD SSE2 处理器	CPU：支持 SSE2 技术的多核 Intel Xeon 或 i 系列处理器，或同等级别的 AMD 处理器	CPU：支持 SSE2 技术的多核 Intel Xeon 或 i 系列处理器，或同等级别的 AMD 处理器
	内存：8GB RAM	内存：16GB RAM	内存：32GB RAM
	显示器：1280×1024 真彩	显示器：1680×1050 真彩	显示器：1920×1200 真彩或更高
	基本显卡：支持 24 位彩色 高级显卡：支持 DirectX 11 及 Shader Model 3	显卡：支持 DirectX 11 及 Shader Model 5	高级显卡：支持 DirectX 11 及 Shader Model 5

在 BIM 实施的后期，企业进入 BIM 推广期和全面应用的阶段时，一般建议使用企业云方案。企业云的配置可根据企业规模和全面应用的人员数量进行确定，具体方案根据企业云选择的厂商及硬件的参数，还有选用的 BIM 软件平台的资源消耗进行测算，最终形成云平台的配置方案。根据 2017 年计算机硬件水平，云平台的建议配置如图 3.3 - 2 所示。

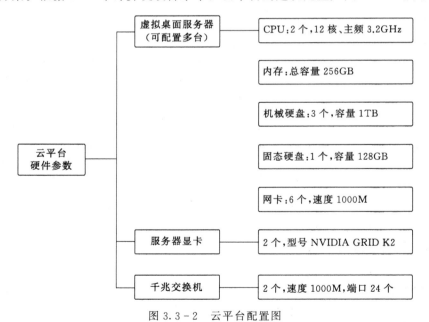

图 3.3 - 2　云平台配置图

BIM 软件根据硬件的操作系统类型进行匹配，并统一版本。后期根据软件厂商推出的新版本功能，企业可不定期地进行版本的升级。

（2）协同设计服务器方案。协同设计工作需要建立在一定的网络环境下，并且需要一定的软硬件环境，其建设方案也可分为独立服务器方案和企业云虚拟服务器方案两种。服务器及配套设施一般由数据服务器、存储设备等主要设备，以及安全保障、无故障运行、灾备等辅助设备组成。企业在选择和确定建设方案时，应根据需求进行综合规划，包括数据存储容量、并发用户数量、使用频率、数据吞吐能力、系统安全性和运行稳定性等。在明确规划后，可提出具体设备类型、参数指标及实施方案。根据 2017 年计算机硬件水平，服务器的建议配置见表 3.3 - 2。

表 3.3 - 2   服 务 器 配 置 表

项目	基 本 配 置	标 准 配 置	高 级 配 置
小于 100 个并发用户	操作系统：Microsoft Windows Server 2008 R2 SP1 64 位、Microsoft Windows Server 2012 64 位、Microsoft Windows Server 2012 R2 64 位		
	Web 服务器：Microsoft Internet Information Server 7.0 或更高版本		
	CPU：4 核及以上，2.6GHz 及以上	CPU：6 核及以上，2.6GHz 及以上	CPU：6 核及以上，3.0GHz 及以上
	内存：8GB RAM	内存：16GB RAM	内存：32GB RAM
	硬盘：7200RPM 及以上	硬盘：10000RPM 及以上	硬盘：15000RPM 及以上
100 个及以上并发用户	操作系统：Microsoft Windows Server 2008 R2 SP1 64 位、Microsoft Windows Server 2012 64 位、Microsoft Windows Server 2012 R2 64 位、Microsoft Windows Server 2016 64 位		
	Web 服务器：Microsoft Internet Information Server 7.0 或更高版本		
	CPU：4 核及以上，2.6GHz 及以上	CPU：6 核及以上，2.6GHz 及以上	CPU：6 核及以上，3.0GHz 及以上
	内存：16GB RAM	内存：32GB RAM	内存：64GB RAM
	硬盘：10000RPM 及以上	硬盘：15000RPM 及以上	硬盘：高速 RAID 磁盘阵列

企业云虚拟服务器方案与独立服务器方案的建设原则完全相同，不同的是，企业云虚拟服务器方案中的服务器设备是企业云资源中的虚拟设备，其配置可以与独立服务器方案完全相同，详见表 3.3 - 2。

3.3.5 BIM 软件选择及确定

（1）BIM 软件选择原则和标准。

1）在工程项目的不同应用阶段，应按照应用阶段设计深度的需求对软件进行选择和功能测试，以满足各阶段设计要求为标准。

水利水电工程设计大致分为预可行性研究、可行性研究、招标设计和施工详图设计阶段，主要考虑在方案设计、出图及工程量统计中是否满足各设计阶段要求。

2）针对工程项目各专业不同的应用类型及对象，应按照各专业设计业务的具体需求对软件进行选择和功能测试，以满足各专业业务要求为标准。水利水电工程按测绘、地质、水工、机电、金属结构、施工、建筑、监测等专业选择各软件平台，软件平台除满足各设计专业技术要求以外，还应尽量统一平台或者能够做到有效融合。

3）在企业发展规划中，应根据规划的方向，在未来发展重点领域、重点区域及业务开拓方面，选择适合规划方向领域的 BIM 软件，以满足规划方向领域的要求为标准。

（2）BIM 软件选择方法。BIM 软件选择是企业 BIM 实施的重要环节。在选用过程

中，应采取相应的方法和程序，以保证正确选用符合企业需求的 BIM 软件。基本步骤和主要工作内容如下：

1）调研和初步筛选。全面考察和调研市场上现有的国内外 BIM 软件及应用情况。结合本企业的业务需求、企业规模，从中筛选出可能适用的 BIM 软件工具集。筛选条件可包括 BIM 软件功能、本地化程度、市场占有率、数据交换能力、二次开发扩展能力、软件性价比和技术支持能力等。如有必要，企业也可请相关的 BIM 软件服务商、专业咨询机构等提出咨询建议。

2）分析及评估。对初选的每个 BIM 软件进行分析和评估。分析评估考虑的主要因素包括：是否符合企业的整体发展战略规划，是否可为企业业务带来收益，软件部署实施的成本和投资回报率，设计人员接受的意愿和学习难度等。

3）测试及试点应用。抽调部分设计人员对选定的部分 BIM 软件进行试用测试。测试的内容包括：在适合企业自身业务需求的情况下，与现有资源的兼容情况；软件系统的稳定性和成熟度；是否易于理解、易于学习、易于操作等；软件系统的性能及所需的硬件资源；是否易于维护和故障分析，配置变更是否方便等；本地技术服务质量和能力；支持二次开发的可扩展性。如条件允许，建议在试点项目中全面测试，使测试工作更加完整和可靠。

4）审核批准及正式应用。基于 BIM 软件调研、分析和测试，形成备选软件方案，由企业决策部门审核批准最终 BIM 软件方案，并全面部署。

（3）对 BIM 软件的基本要求。

1）设计软件。在 BIM 实施中，企业的主要业务及各个专业的设计工作均需要 BIM 软件相应功能与之匹配，并在软件中研究和开展 BIM 设计工作，因此需要选择和确定各专业所需的 BIM 设计软件。

2）协同平台。在项目的 BIM 实施中，多专业协同工作必然需要协同平台来实现各专业间模型及数据的共享与相互引用，因此需要选择和确定 BIM 协同平台。

3）轻量化软件。在 BIM 实施中，无论是内部交流还是对外交流，均需要将 BIM 模型整合并轻量化，以方便用网页端、移动端等形式进行交流，因此需要选择和确定 BIM 轻量化软件。

3.4 完成该阶段实施的基本要求

在该阶段实施工作基本完成后，应将该阶段工作进行总结，对照该阶段实施的基本要求，达到要求就可以判定具备该阶段的能力，并能开展下一阶段的 BIM 实施工作。完成该阶段实施的基本要求如下：

（1）完成 BIM 基础理论的宣贯，使企业形成 BIM 学习和实施的氛围。

（2）完成 BIM 部门或团队的组建，使企业有专门的组织牵头进行 BIM 实施工作。

（3）完成企业 BIM 战略规划及实施策划相关文件的编制，使企业拥有 BIM 长远规划及相关政策。

（4）完成企业 BIM 实施需要的硬件网络环境和软件平台搭建，使企业 BIM 实施具备最基础的软硬件环境。

第4章

BIM 实施第二阶段

4.1　实施目标

在该阶段，BIM 实施的目标有两个：第一个是培养一批掌握 BIM 技术的各专业设计人员；第二个是根据上阶段确定的 BIM 软件，建立与各专业业务相适应的 BIM 工作方法和流程。

4.2　实施策划

为实现该阶段的两个目标，人员培养和工作模式研究都需要在正常的生产任务之外，额外增加工作量，并且需要一个比较长时间的持续投入，才能达到一定的效果。因此，企业应在政策激励上给予一定的扶持，这部分工作量可以通过科研产值的形式进行补偿。

实现第一个目标的方法主要是通过 BIM 软件应用培训，通过培训培养和提高各专业设计、校核人员的 BIM 技术应用能力，使测量、地质、坝工、水道、水机、电气、施工等专业的人员初步具备 BIM 模型创建、模型整合、综合模型碰撞检查、综合出图等 BIM应用能力。

实现第二个目标的方法主要是通过受过培训的人员对本专业业务进行研究，将自己的专业设计与 BIM 软件功能相结合，研究出一套通过 BIM 软件功能就可以进行专业设计的方法和思路，并进行总结归纳，形成工作流程和技术方案。

综上所述，BIM 实施策划的流程如下：

（1）从 BIM 基础培训开始，各专业设计人员对 BIM 软件基本功能进行掌握。

（2）各专业设计人员结合本专业设计业务进行简单的 BIM 模型的创建，熟悉和巩固BIM 软件的基本功能操作。

（3）进行 BIM 软件的进阶培训，使各专业设计人员通过 BIM 软件掌握更复杂的建模功能。

（4）各专业设计人员结合本专业设计业务进行复杂的 BIM 模型的创建，熟悉和巩固 BIM 软件的进阶功能操作。

（5）进行 BIM 软件的专业培训，通过专业培训使各专业设计人员能够掌握本专业业务工作的建模方法、工作流程等相关的 BIM 软件的高级功能。

（6）结合专业培训，各专业设计人员举一反三，通过研究和摸索，完成本专业各个业务的 BIM 模型的建立以及相关工作流程和技术方案的总结。

4.3 实施内容和步骤

4.3.1 设计人员 BIM 应用能力培养

设计人员 BIM 应用能力培养以培训为主，分 3 个阶段：软件基础培训、软件进阶培训和专业培训。

（1）软件基础培训：针对未使用过 BIM 软件的设计人员。培训内容为各 BIM 软件的基础功能操作，培训时间根据具体软件确定，一般采用集中上机实操培训方式。培训目的是初步掌握软件的基本功能操作。

（2）软件进阶培训：针对有一定 BIM 软件使用基础的设计人员。培训内容为 BIM 软件的高级功能操作和设计案例分析，培训时间也根据具体软件确定，一般采用集中上机实操培训方式。培训目的是熟练掌握软件的高级功能操作。

（3）专业培训：针对熟练使用 BIM 软件的设计人员。培训内容按专业特点分为若干个专题，采用导航项目中的工程实例进行讲解和练习，掌握各 BIM 软件在各专业设计上的高级应用技巧和方法。培训时间也根据具体软件确定，一般采用集中上机实操培训方式。培训目的是在熟练掌握软件功能的基础上，掌握各专业各业务的 BIM 设计思路和方法。

4.3.2 各专业 BIM 应用

结合水利水电工程各主要设计专业，开展局部的 BIM 设计工作，在该过程中形成各专业业务的指导文件和设计流程。

在工作开始之前，BIM 部门作为牵头方，应根据第一阶段选定的 BIM 软件和通过培训对软件形成的初步了解，同时结合 BIM 实施的战略规划，对企业 BIM 总体解决方案先有一个雏形的架构搭建，各专业的 BIM 应用以此为方向，进行具体的研究应用工作。

对于水利水电工程，典型的 BIM 总体解决方案架构应以 BIM 协同平台为各专业协同管理的核心。根据业务的具体需求，一般可分为地质、枢纽、厂房、施工 4 个 BIM 设计子系统，开展水利水电工程各专业的 BIM 应用工作；后期以 BIM 整合软件为工具，进行碰撞检查、三维校审、可视化漫游等方案审查和优化工作。

（1）地质子系统：涉及测量、地质专业和试验、物探、地勘基础数据专业。测量专业的业务主要是地表影像和地形数据处理，通过测量 BIM 软件形成地表 BIM 模型。地质专业及其辅助专业的业务主要是结合测量专业地表模型生成地质 BIM 模型，通过地质 BIM

软件采集现场数据，在协同平台上与测量数据协同，高精度还原地形地质情况，生成地质 BIM 模型后上传至协同平台，供本专业和下序专业使用。

（2）枢纽子系统：涉及坝工、水道、厂房、施工导流、桥隧、道路、监测等专业。各专业包含的业务主要是枢纽建筑物开挖设计和体形设计。在协同平台上，各专业协同工作，首先引用三维地质模型，其次在枢纽 BIM 软件中进行开挖设计和体形设计，最终在 BIM 整合软件中整合形成枢纽 BIM 模型。

（3）厂房子系统：涉及厂房、电一、电二、水机、建筑设备、结构、装修等专业。各专业的业务主要是围绕厂房建筑物进行各专业设计与布置。各专业通过厂房 BIM 软件在协同平台上协同，相互引用其他专业数据进行多专业并行设计，最终完成厂房 BIM 模型。同样，在 BIM 整合软件中整合形成厂房 BIM 模型，并进行碰撞检查和校审。

（4）施工子系统：涉及施工导流、技术、辅企、水库、水保、环保等专业。各专业的业务主要是围绕施工总布置进行相关专业设计。各专业在施工 BIM 软件中形成各施工建筑物 BIM 模型，并集成协同平台上地质、枢纽、厂房子系统的模型，形成施工三维模型。

在出图方面，应以实用和效率为原则，将图纸进行分类，至少划分为可利用 BIM 模型出图的图纸和保留传统二维出图的图纸两种类别，充分发挥各 BIM 软件出图的功能，对各专业各种类型的图纸进行出图工作的研究。例如，利用 BIM 配筋软件，可进行复杂异形结构钢筋图的出图工作。

在利用 BIM 技术沟通与交流方面，可对 BIM 轻量化软件和 BIM 云端共享平台进行专项研究，基于 BIM 轻量化软件和 BIM 云平台，可将 BIM 模型和图纸进行发布，在云端、PC 端、移动端实现项目参与各方的信息沟通。轻量化模型便于移动端流畅查看。碰撞检查记录、文字注释、照片等数据附加在模型上，提高了各方沟通的效率和质量。

通过各专业 BIM 实施应用，可以对初步搭建的 BIM 总体解决方案进行局部细化并验证其可行性，从而进行调整和优化，并为下一阶段的项目级 BIM 应用做好基础性的准备工作。

4.4 该阶段 BIM 组织机构职责

在该阶段，BIM 组织机构的工作重点是牵头和组织各专业部门进行人员培训和专业 BIM 应用。另外，在此阶段 BIM 组织机构应完善企业对于专业应用的相关考核制度，并针对专业级别的应用开展企业级的 BIM 技能应用大赛等工作，以推动 BIM 技术的应用。

4.5 完成该阶段实施的基本要求

该阶段作为 BIM 技术实施正式进入实质性研究工作的开端，起着承上启下的作用，因此，该阶段的实施工作要扎扎实实地进行，切实为后续实施阶段提供人员和业务技术上的基础支撑。完成该阶段实施的基本要求如下：

（1）完成 BIM 各级别培训工作，同时各专业形成一批既具有专业设计能力又具备 BIM 技术能力的设计人员。

（2）各专业完成专业级别的 BIM 应用，对本专业中的各项业务进行 BIM 研究，并进行总结，形成各项业务的设计方案和工作流程相关文档。

（3）BIM 组织机构应根据专业 BIM 应用的成果，调整 BIM 总体解决方案，形成落地的可实施的阶段最终成果，为下一阶段的 BIM 实施做好准备工作。

第 5 章

BIM 实施第三阶段

5.1 实施目标

　　该阶段企业各专业技术人员已经具备了基本的 BIM 应用技能，但仅仅是各专业各自为战，尚无法在项目上开展真正的协同设计。为了使 BIM 技术在企业内部真正落地，该阶段需要建立完善的项目协同设计平台，初步形成项目 BIM 技术管理文件、BIM 实施大纲、BIM 指导文件等体系文件，对各专业之间数据传递的形式、数据接口、模型划分、模型组织等内容进行详细规定，构建完整的项目 BIM 应用流程。

5.2 导航项目的意义

5.2.1 示范效应

　　经过前两个阶段的技术积累，企业内部已经具备了在项目上应用 BIM 技术的基础条件，企业内部各项目的成员也有意愿在本项目上推广应用 BIM 技术。但由于缺乏项目应用的经验，或者担心会遇到意想不到的技术、管理上的问题，大家对于在项目上开展整体 BIM 技术应用有所顾忌。部分企业由于现有的生产项目多、生产任务紧，无法有效组织人力，而止步在前两个阶段。因此，这个阶段需要一个成功应用 BIM 的项目产生"示范效应"，让企业的各级管理及技术人员真真实实地看到 BIM 技术对于项目的价值，增强企业内部对于 BIM 技术在项目上应用的信心，推动 BIM 技术在企业内部的全面应用。

5.2.2 营造应用 BIM 的氛围

　　各企业推广应用 BIM 技术的出发点不尽相同，如提高企业核心竞争力、项目需求、业主要求、投标演示、科研课题等。仅仅通过第一、第二阶段的 BIM 实施，尚且无法形

成项目上有价值的应用点，难以进一步提升 BIM 技术在企业内部的认可度。通过导航项目的 BIM 技术应用，可产生若干有价值的应用点，能够提升企业的核心价值，在企业内部营造使用 BIM 技术的良好气氛，有助于 BIM 技术在企业内全面推广应用。

5.2.3　促进 BIM 技术落地

通过第二阶段的 BIM 实施，企业各级管理人员和各专业的设计人员已具备一定的 BIM 技术能力。如果不在项目上全面推进 BIM 技术应用，已使用 BIM 技术的专业，有可能会因为项目进度和局部时间节点的要求，改用原来的传统设计方法。这种状态持续时间一长，会影响企业整体 BIM 技术应用的推进，甚至部分率先使用 BIM 技术的专业也会放弃使用 BIM 技术，最终导致 BIM 技术无法在企业中落地。

导航项目的开展，通过协同设计的工作模式，将各设计专业紧密联系在一起。各专业的设计数据在协同设计服务器上进行交互和传递。因为上、下序专业的设计成果均依赖于 BIM 技术，已开展 BIM 工作的专业，无法再退回到传统的设计方式。经过几个项目的应用，使设计人员形成使用 BIM 技术的工作方式和工作习惯，促使 BIM 技术真正在企业内部落地。

5.2.4　企业 BIM 体系的基础

BIM 技术要想在企业内部持续地发挥价值，各专业 BIM 设计人员的技术能力是基础，更需要一套完善的 BIM 管理体系，规范整体的设计行为和设计习惯。企业 BIM 管理体系的建立和完善需要总结导航项目 BIM 应用的经验。

5.3　导航项目 BIM 咨询机构

5.3.1　聘请咨询机构的必要性

BIM 技术的应用必将对原有的生产流程、组织架构、生产工具等产生巨大的变革，需要一个顶层规划推动新技术的应用。正规的 BIM 咨询机构积累了大量的水利水电行业 BIM 技术应用的案例，可以根据企业所处阶段、行业特点等关键因素提出合理的方案。咨询机构的人员由行业内资深人士组成，其专业技能均优于业内的平均水平。聘请咨询机构可显著提升 BIM 技术的推广速度。

5.3.2　咨询机构的选择

鉴于咨询机构的重要作用，应选择行业口碑好、有丰富技术咨询服务经验的机构提供服务。咨询机构的主要技术人员除具有 BIM 技术的应用技能外，还应具有相应专业的工程经验，避免选择单纯的软件服务商作为 BIM 咨询服务机构。

5.3.3　咨询机构的工作任务

咨询机构应根据项目的实际情况，协助企业编制项目 BIM 技术应用控制计划与工作大纲。对技术实施内容、主要成果、实施标准、各组织角色及人员配备、实施流程、项目协调与检查、成果交付等内容作出详细规定。同时协助企业组织策划项目例会，为项目各专业人员提供技术服务支持，协助项目进行 BIM 模型整合、碰撞检查，完成模型固化出图等工作。

5.4 导航项目的选择标准

5.4.1 项目工期

采用 BIM 技术后,项目的生产周期与传统设计手段不同。前期由于创建 BIM 模型的工作,相对于传统的设计手段需要更长的时间,但后期可由模型抽取二维图纸,并可进行设计优化与变更,效率要明显高于传统设计手段,因此总体耗时和设计成果的质量要优于传统设计手段。

因此,为了适应 BIM 技术的生产周期,导航项目的选择应为各专业 BIM 模型的创建留出足够的时间。导航项目的工期不宜太紧凑。

5.4.2 项目体量

建议选择大中型项目作为导航项目,应包含企业的测量、地质、坝工、水道、厂房、水机、电气、金属结构、施工等主要设计专业。

BIM 技术的应用需要企业投入一定的成本,因而需要考虑投入产出比,小型项目本身投资少,不建议作为导航项目开展 BIM 设计工作。

5.4.3 项目阶段

开展 BIM 应用的导航项目应具备一定的设计深度并有一定的勘测设计基础资料,因此项目建议书阶段的项目不建议作为 BIM 导航项目开展 BIM 应用(待企业整体 BIM 体系完善后,此阶段的项目均可开展 BIM 应用)。可行性研究阶段、初步设计阶段、招标设计阶段及施工详图设计阶段的项目均可作为导航项目开展 BIM 应用。

5.5 导航项目 BIM 实施

5.5.1 项目策划

(1)协同设计平台搭建。

1)协同设计平台的优势。基于协同设计平台,各专业设计数据在平台上实时交互,所需的设计参数和相关信息可直接从平台上获得,保证了数据的唯一性和及时性,有效避免了重复的专业间提资,减少了专业间信息传递差错,提高了设计效率和质量。各专业数据共享、参照及关联,能够实现模型更新实时传递,极大地节约了专业间的配合时间和沟通成本。基于服务器存储模型数据,实现了 BIM 设计成果的统一存储,保证了数据的安全性。项目管理人员可实时查看服务上的设计数据,检查工程进度。

2)协同设计平台的目录结构。协同设计是 BIM 技术应用的关键环节,协同设计服务器上存储的数据是整个 BIM 技术应用的核心,为了更便捷地管理引用模型数据,数据存储的目录结构就必须详细划分。根据不同单位和工程项目的具体特点,可参考如图 5.5 - 1 所示的目录结构进行 BIM 模型数据组织。

结合项目管理中的项目 BIM 任务划分、项目 BIM 工作计划,并按照合理组织划分、便于数据管理、减少数据冗余的原则,对协同设计平台中的项目文档进行划分。在阶段目录下,划分各主要设计专业的工作文件夹目录,如图 5.5 - 2 所示。

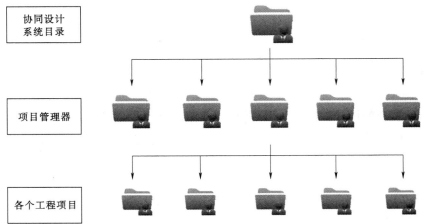

图 5.5-1　协同设计平台目录结构

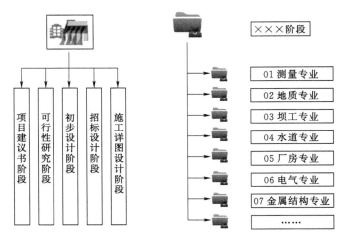

图 5.5-2　阶段目录与专业目录划分

同时根据实际需要，设置"项目资料""综合性图纸""碰撞检查""三维模型总装"和"项目校审"等工作目录。

具体专业继续设置子目录，根据需要可包含"二维图纸""工程量计算表""互提资料""计算稿""外委工作""现场设代内容"和"专题报告"等内容，也可根据具体需要增加或删减。

3）权限设置。协同设计平台在用户创建时可以统一导入已有的企业内部管理账号，也可以手动创建账号。协同设计平台采用用户组策略，建议采用嵌套设置。在后期协同设计平台的维护过程中，根据项目部成员的具体情况可以随时调整用户组成员，实现快速、批量更新用户权限，如图 5.5-3 所示。

根据项目成员的组成情况，将用户移至相应的用户组，即可完成用户权限设置。若项目成员有变更，则调整用户至相应的用户组。

（2）BIM 策划文件。根据导航项目的具体情况，结合项目本身的年度计划，编制导航项目年度 BIM 设计控制计划。对各主要设计专业的 BIM 模型初步创建、项目模型总

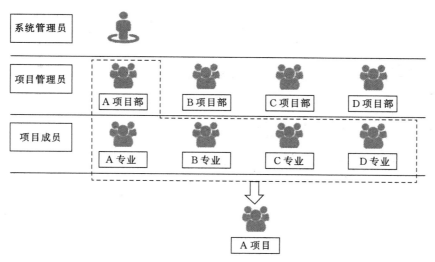

图 5.5 - 3 项目权限结构

装、碰撞检查、三维会审和模型最终固化等工作的完成时间作出规定。项目 BIM 控制计划如图 5.5 - 4 所示。

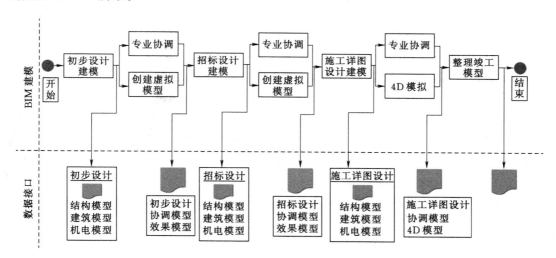

图 5.5 - 4 项目 BIM 控制计划

编制导航项目 BIM 设计工作大纲,包含项目 BIM 实施的主要内容、主要成果、实施目标、实施标准(模型单位和坐标、模型划分与命名、模型色彩规定、模型使用的软件)、各组织角色及人员配备、实施流程、项目协调与检查机制、成果交付要求等内容,如图 5.5 - 5 所示。

在实施标准中,项目模型的划分需要根据项目的特点按照一定的原则进行模型的拆分工作。一般可按照项目建筑物分布的区域、专业以及 BIM 软件等条件进行划分。在对整个项目进行较大范围的第一次分区时,可根据 BIM 整体解决方案的框架进行拆分,如地质子系统、枢纽子系统、厂房子系统、施工子系统等;然后再在各个子系统中进行第二次划分,可根据具体设计内容进行拆分,如地表模型、地下模型、大坝、溢洪道、泄洪洞、

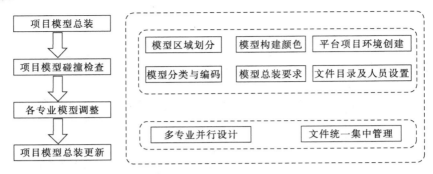

图 5.5 - 5　项目 BIM 设计工作大纲

水闸、渠道、进水口、隧洞、发电厂房、泵站厂房等；第三次划分时可根据参与专业的不同设计工作和具体使用的 BIM 软件与功能模块进行拆分，如各专业的开挖设计、体形设计、设备管路布置等。

实施标准中的其他标准只需在项目实施前进行统一规定即可，避免参与项目协同的人员自由发挥，导致后期项目协同和模型整合出现诸如模型整合到一起比例不协调、低版本打不开高版本模型文件、文件名称改变导致链接报错、模型颜色五花八门等一些不必要的问题。

（3）项目 BIM 设计启动会及 BIM 例会。导航项目 BIM 设计控制计划和 BIM 设计工作大纲通过审查后，项目部应召开导航项目 BIM 设计启动会，明确各设计专业的 BIM 设计计划节点，确定整体协同设计工作流程、互提资料交换标准、数据引用顺序等。在导航项目开展过程中应定期召开项目 BIM 例会，检查项目进度，解决 BIM 应用过程中遇到的问题。

5.5.2　协同设计总体流程

多专业协同设计过程中，各级负责人技术指导和把关过程应"前移"，各专业建模进度宜做到"齐头并进"。项目 BIM 协同设计总体流程主要包括项目总体策划、专业建模、三维会审、三维模型固化、三维抽图、图纸校审以及印制归档等，如图 5.5 - 6 所示。

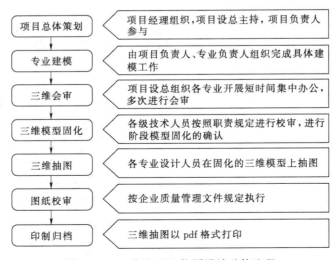

图 5.5 - 6　项目 BIM 协同设计总体流程

5.5.3 地质 BIM 设计子系统

该子系统的整体工作流程如图 5.5－7 所示。首先，由测量专业通过无人机、卫星等获得影像和地形数据，并上传至协同设计平台。然后，地质专业通过勘测 BIM 软件录入各类勘察数据，在协同设计平台上与测量数据协同，基于地质建模规则生成工程地质模型，并上传至协同设计平台，供下序专业和本专业出图使用。

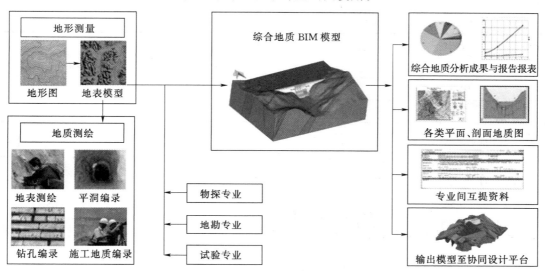

图 5.5－7　地质 BIM 设计子系统整体工作流程

（1）测量专业。测量专业接任务后，根据任务范围收集地形图等相关资料，基于勘测 BIM 软件，为地质专业提供符合要求的三维地形曲面。由地形图数据制作曲面的流程如图 5.5－8 所示。

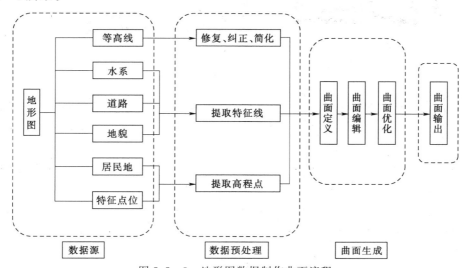

图 5.5－8　地形图数据制作曲面流程

1）数据预处理。为了给地质专业及下序专业提供准确而便捷的地形曲面，首先需要对所收集的地形图资料进行一系列的预处理工作，包括等高线的修复、纠正、简化，水

系、道路、地貌的特征线提取，以及居民地、特征点位的高程点提取。

2）曲面生成。在勘测 BIM 软件中新建三角网曲面，并将预处理好的等高线、水系特征线、道路特征线、地貌特征线、居民地高程点、特征点位高程点以及曲面边界数据分别加入到三角网曲面中，其中等高线的消除顶点因子根据表 5.5 - 1 设置，生成三维地形曲面。

表 5.5 - 1　　　　　　　　　　　消除顶点因子参考表

比例尺	距离/m	角度/(°)
1：2000	20	7
1：1000	15	6
1：500	15	5

三维地形曲面在经过曲面简化、曲面编辑、曲面检查等一系列工序后，便可以通过勘测 BIM 软件上传到协同设计平台服务器中供地质专业及下序专业使用。

（2）地质专业。

1）勘测数据采集。采用外业采集软件，通过移动终端技术、GPS 技术和 GIS 技术实现外业勘测数据的快速采集，如图 5.5 - 9 所示。

（a）移动终端技术　　　　　　（b）GPS 技术　　　　　　（c）GIS 技术

图 5.5 - 9　外业勘测数据采集技术

在地表地质测绘的过程中，通过外业采集软件可直接获取地质点坐标数据，能减少地质测绘 40％的工作量，还可以快速采集地表测绘点的地质描述、岩性特征、地质构造等内容，并将数据导入勘测 BIM 软件中。

2）建立工程地质模型。工程地质建模人员通过协同设计平台，引用测量专业建立的地表三维模型，无需载入整个文件。基于勘测 BIM 软件，在地表三维模型的基础上快速由各类勘察数据生成三维地质模型。三维地质模型是各类勘察数据的直观表达，勘察数据驱动三维地质模型，数据和模型以地质建模规则（见图 5.5 - 10）为纽带实现动态关联。勘察数据更新后，模型自动更新。

即便是在勘察数据相对较少的阶段，工程地质建模人员也可以根据类似工程的经验虚拟部分勘察数据，并调用工程地质建模软件系统的建模规则生成完整模型，待数据完整后，再更新模型。

3）工程地质模型的应用。工程地质模型阶段性固化之后，可以通过勘测 BIM 软件对

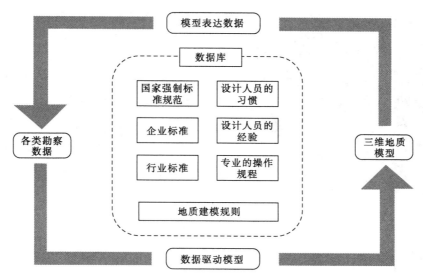

图 5.5 - 10 工程地质 BIM 模型规则

各类地质数据进行统计分析并导出图表，供地质人员分析地质情况或编写报告。诸如节理玫瑰花图、节理等密度图、钻孔汇总表、钻孔柱状图、平洞编录图等，均可一键自动生成，如图 5.5 - 11 所示。

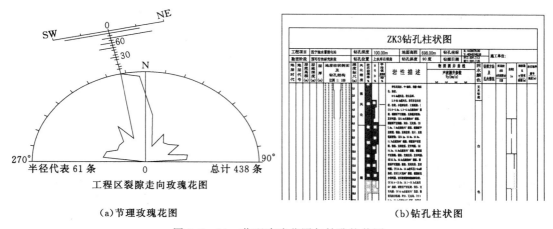

(a)节理玫瑰花图　　　　　　　　　　　　　(b)钻孔柱状图

图 5.5 - 11　节理玫瑰花图与钻孔柱状图

通过勘测 BIM 软件抽取指定位置的平切图、剖面图和各类地质界面的等值线图，系统自动根据规程规范绘制图款、图签、图名、图例等标准化图面内容，真正实现了一键智能化出图。在绘制多条剖面时，不仅速度快，而且剖面与剖面相互交叉位置的数据完全一致。同时剖面和模型具有动态关联关系，模型更新后，剖面自动更新；剖面位置、剖面线长度调整后，相应的剖面也会自动更新。成图过程中，系统还会根据工程师的具体要求，自动绘制出各类风化界线、岩性界线、各类地质体界线、勘探钻孔位置与钻孔试验数据、平洞位置与平洞试验数据等勘察数据，为工程人员准确快速地对场地的工程地质条件作出评价提供了依据，如图 5.5 - 12 所示。

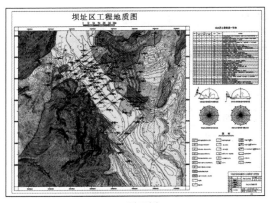

(a)平面图

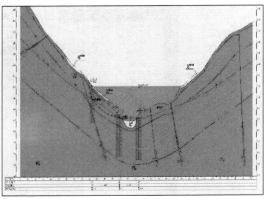

(b)剖面图

图 5.5-12　工程地质平面图与剖面图

　　工程地质模型除了满足勘测专业出图工作的需求外，也会上传至协同设计平台，供设计专业使用。

　　（3）专业协同。地质子系统内部测量、地质等专业之间的协同主要使用勘测 BIM 软件，通过将模型上传至协同设计平台进行协同设计。

5.5.4　枢纽 BIM 设计子系统

　　（1）总体流程。该子系统的 BIM 设计主要使用开挖 BIM 软件和枢纽 BIM 软件，其整体工作流程如图 5.5-13 所示。

　　1）勘测专业在勘测 BIM 软件中初步建立 BIM 地质模型，并上传至协同设计平台供下序专业使用。

　　2）水工专业根据勘测专业提供的初步 BIM 地质模型，在枢纽 BIM 软件中对水工建筑物进行布置，建立水工建筑物的控制点、轴线、高程等骨架控制信息。

　　3）根据骨架控制信息，在枢纽 BIM 软件中建立各建筑物模型，初步建立水工 BIM 模型；水工专业在开挖 BIM 软件中建立开挖模型。

　　4）机电、金属结构、施工、建筑等下序专业根据初步水工 BIM 模型，在枢纽 BIM 软件中建立各自专业的 BIM 模型。施工专业在开挖 BIM 软件中建立开挖模型。

　　5）各专业分别形成本专业最终的 BIM 模型，最后在整合软件中进行整体模型的整合，形成枢纽子系统 BIM 模型。

　　6）各专业根据本专业和枢纽子系统 BIM 模型进行二维出图。

　　（2）坝工专业。坝工专业 BIM 设计主要包括工程挡水建筑物大坝、泄水建筑物溢洪道及泄洪洞等水工建筑物的设计工作。

　　1）根据地质专业提供的地质模型建立建筑物及开挖的控制坐标系统，形成整体骨架。

　　2）在枢纽 BIM 软件中进行建筑物 BIM 设计，在开挖 BIM 软件中进行开挖 BIM 设计。

　　3）将开挖模型导入建筑物模型中进行剪切运算，形成基于开挖面的建筑物 BIM 模型。

　　4）在勘测 BIM 软件中将开挖面模型与地质模型进行整合，形成地质开挖模型。

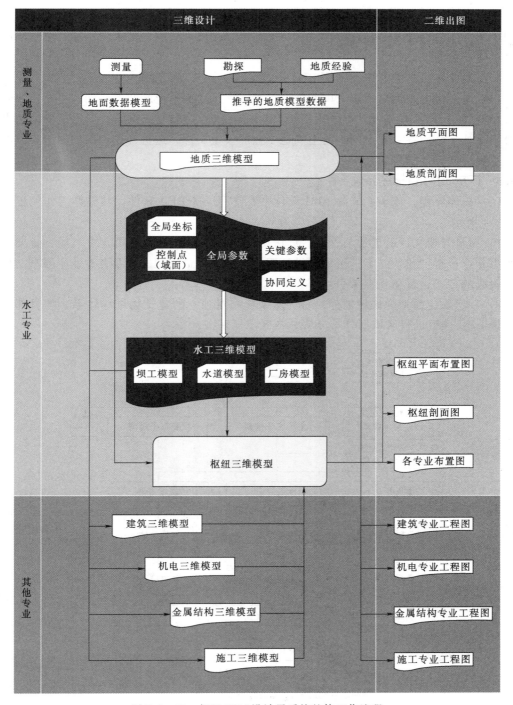

图 5.5 - 13 枢纽 BIM 设计子系统整体工作流程

5）在整合软件中将地质开挖模型与建筑物模型进行整合，形成最终的整体建筑物模型。

6）各专业进行二维出图工作。

（3）水道专业。水道专业 BIM 设计主要包括工程引水建筑物进水口、引水隧洞、引水调压室、压力钢管及岔管，尾水建筑物尾水出口、尾水隧洞、尾水调压室、尾水闸门室等水工建筑物的设计工作。

水道专业建筑物的开挖及结构 BIM 设计工作流程与坝工专业一致。

（4）专业协同。枢纽子系统内部坝工、水道、厂房等专业之间的协同，主要使用开挖 BIM 软件进行开挖 BIM 设计，使用枢纽 BIM 软件进行建筑物结构设计，通过将模型上传至协同设计平台，各专业引用平台上其他专业的模型文件，进行开挖和结构模型参数的关联，达到协同设计的目的。

5.5.5 厂房 BIM 设计子系统

（1）总体流程。该子系统的 BIM 设计主要使用厂房 BIM 软件，其整体工作流程如图5.5-14 所示。

1）项目骨架文件的创建与管理。厂房协同设计采用服务器协同方式，项目骨架文件由水工专业负责创建，并上传至协同设计服务器中。项目骨架文件及各专业子模型文件均采用关联的方式进行相互参考引用。

2）厂房系统模型的区域划分。对厂房系统相对独立的建筑物结构体系，项目部将厂房系统 BIM 模型进行区域划分，分解为各区域子模型。

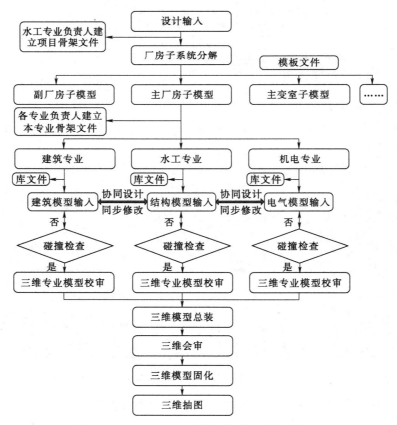

图 5.5-14　厂房 BIM 设计子系统整体工作流程

3）各专业协同设计。各专业根据项目骨架文件分别建立每个区域各专业骨架文件，对本专业模型进行定位。各专业设计人员开展本专业设计工作，同时可以链接其他专业模型作为参考。

4）模型总装及碰撞检查。水工、机电、建筑各大专业先将本专业模型进行总装，并进行碰撞检查和模型优化，经校审后，在协同设计平台服务器上进行发布。项目部对区域模型及整体模型进行总装，并进行碰撞检查和模型优化。

5）模型会审及固化。区域模型及整体模型经三维会审后，在协同设计平台服务器上进行固化。

6）三维抽图。各专业根据固化的最终 BIM 模型进行三维抽图，形成二维图纸。

（2）厂房专业。厂房专业 BIM 设计主要包括发电厂房各建筑物内部结构的设计工作。厂房专业 BIM 设计工作流程如下：

1）建立厂房子系统统一的骨架文件，并上传至协同设计平台，供本专业各区域和机电、建筑专业引用关联，统一定位。

2）建立各区域初步的结构模型，并上传至协同设计平台，供机电、建筑专业引用参考。

3）参考机电、建筑专业模型，对本专业模型进行细化，满足各阶段 BIM 设计的深度需要。

4）专业内部总装和碰撞检查，进行模型校审。

5）参与项目总模型的会审和固化，进行出图工作。

（3）机电专业。机电专业 BIM 设计主要包括发电厂房各建筑物内部机电设备、管路的设计工作。机电专业 BIM 设计工作流程如下：

1）确认专业设备布置。参与厂房 BIM 协同设计的各专业，通过项目设计启动会，确定各自专业的设备布置位置，管路（油、气、水、风管等）、桥架等在厂房内布置的大体走向。在项目执行前规划好各专业设备、管路等布置空间，尽可能地减少不同专业间设备的交叉与碰撞。

2）专业内部细化设计。每个专业在确定的布置范围内布置各专业设备、管路及桥架等设计内容，并完成专业内部的碰撞检测，确保本专业的设计不存在交叉与碰撞。

专业内部设计按照自身专业的特点，参考系统分类及厂房分区，在已确定的布置区域内按照模型体量大小首先完成主要设备的布置，然后进行管路或桥架的设计。在进行管路、桥架设计时，首先确定管路、桥架的基本走向，然后进行交叉区域的细部爬升或降低的避让设计。对于可能与其他专业管路、桥架布置存在碰撞的区域，可引用其他专业的初步设计成果进行协同设计。存在碰撞时，可事先与相关专业进行沟通，确定好避让原则，做到问题早发现、早处理。对于多专业交叉等复杂区域，当专业间无法确定合理的布置方案时，可通过项目协调会进行商讨，共同商议出最佳布置方案，在满足设备布置要求的同时降低碰撞的发生。

3）消除碰撞与设计固化。当所有专业完成自己的设计内容确认本专业没有碰撞后，启动专业内部的校审程序，完成专业内部的设计流程。在专业内部启动校审程序的同时，项目部统一对多个专业设计成果进行碰撞检测，找出不同专业间的碰撞点，并协调各专业

进行修改。所有碰撞问题均解决且经校审确认设计无误后，将全部设计文件固化，形成最终设计成果，同时进行项目出图等后续工作。

（4）建筑专业。建筑专业 BIM 设计主要包括发电厂房各建筑物内部建筑设备、建筑装修及门窗等的设计工作，还包括开关站建筑物的建筑结构设计工作。

建筑专业与机电专业同时开展 BIM 设计工作，工作流程相同。

（5）专业接口。厂房 BIM 协同设计中，机电、建筑专业的设备及管路复杂，模型数量庞大，再加上水工结构、建筑装修等模型，总装后的厂房子系统整体模型将集成水工、机电、建筑各专业的所有模型，管理如此庞大数量的模型，需要对模型进行详细的类别划分，分类和命名均需要统一的规范和标准。模型的组织结构及图纸模板同样需要统一的规范和标准。

在水工、机电、建筑三大专业协同设计中，特别是在机电、建筑专业的设备及管路布置上，要建立布置原则和调整避让原则，减少专业间的交叉影响。

5.5.6 施工 BIM 设计子系统

（1）施工导流专业。施工导流专业 BIM 设计主要包括在开挖 BIM 软件中进行导流建筑物布置，导流建筑物渠道、边坡开挖设计；在施工 BIM 软件中进行导流建筑物结构设计。

1）通过协同设计平台调用上序专业设计成果，包括地形、地质及水工枢纽 BIM 模型。

2）采用开挖 BIM 软件进行导流建筑物渠道、边坡开挖设计以及围堰填筑设计，并计算开挖、填筑工程量。

3）采用施工 BIM 软件进行导流建筑物结构设计，包括围堰、导流隧洞洞身、导流隧洞进水塔等结构设计，并计算建筑物工程量。

4）最终通过 BIM 整合软件整合地质模型、开挖模型和导流建筑物模型。模型经过校审后，回到施工 BIM 软件中进行出图。

（2）施工技术专业。场内临时道路、渣场、施工场地开挖及回填、缆机平台、边坡、排水渠、施工支洞、渣场挡渣墙等采用施工 BIM 软件创建模型。在 BIM 整合软件中进行地形、地貌、水工建筑物、渣场、料场、场地、道路、施工机械设备、草木等 BIM 设计模型的集成，形成可视化的 BIM 施工总布置，并进行 BIM 模型碰撞检查、BIM 校审、BIM 可视化漫游及施工进度仿真模拟等。

（3）施工辅企专业。施工供水泵站平台、料场开采规划采用开挖 BIM 软件进行分析，砂石加工系统、混凝土生产系统结构模型采用施工 BIM 软件创建，利用整合软件将施工场地模型与砂石加工系统、混凝土生产系统模型进行拼装，形成包含场平在内的砂石加工系统、混凝土生产系统整体模型。

（4）道路桥梁专业。工程区内永久道路、隧洞洞口采用开挖 BIM 软件建立 BIM 设计模型。桥梁、隧道采用施工 BIM 软件建立 BIM 设计模型。

（5）专业协同。施工子系统内部各专业之间的协同，需要在协同设计平台中引用地质子系统、枢纽子系统、厂房子系统的各专业模型开展施工子系统的 BIM 协同设计工作。施工总布置在 BIM 整合软件中通过集成协同设计平台上各子系统中的专业模型进行协同设计。

5.6　BIM 设计的优势

5.6.1　设计基础数据采集

传统方式的设计基础数据（地形、地质数据）采集需要大量的人力和时间。外业地质测绘工作，需要地质工程师在野外标记地质测绘点，然后由测量专业收测坐标，对于各测绘点的地质工作需要"走两遍"。一体化平台的地质测绘充分利用 GPS 技术，借助专业化定制的移动终端设备，实现地质测绘"一次到位"。内外业一体化模块综合应用移动终端技术、GPS 技术和 GIS 技术，将地质测绘、钻孔编录、平洞编录、施工编录等数据现场采集并录入工程地质数据库。同时将岩体试验软件、物探数据解译软件与工程地质数据库之间建立数据接口，将成果直接导入数据库中。地质外业采集的数据可以实时转换为地质内业基础数据，开展内业工作。通过工程地质数据库的分析功能，可输出各种报表与计算书，并将分析结果与相关规范相结合。地质工程师根据分析结果，在引用协同设计平台的地表 BIM 模型基础上，建立各种地质曲面，生成地质BIM 模型。可快速生成上百个地质平面图、剖面图，且剖面交点数据完全关联，满足本专业的生产需求和其他专业的提资要求，并将模型上传至协同设计平台，为各设计专业提供基础 BIM 设计模型。

5.6.2　设计数据传递

传统设计流程中，各类设计成果（图纸、办公文档等）大部分都采用移动存储设备或网络聊天工具进行数据的传输，这种手段就直接导致了数据的不可控及不准确，并且随着数据交换次数的不断增加变得不稳定。相比传统的水利水电工程设计数据交互方式，BIM技术能最大限度地支持多方、多人开展协同工作，实现信息的共享。

（1）解决信息孤岛的问题。传统的 CAD 设计是一种基于图纸的信息表达方式，二维图纸能表达的设计信息是有限的。随着设计过程的深入，不可避免地会造成设计信息的分离和不完整，并且容易形成信息孤岛的问题。

传统的水利水电工程设计中，这些分离的设计信息彼此之间没有形成有效的关联关系，这就直接导致了各专业的设计人员无法实时参照其他专业的设计成果和设计资料，只能等到会审或者核定版本的时候，各专业技术人员才会将阶段性的设计成果进行交互。日常的互提资料也仅仅是提取某一个时间段的设计成果，这种方式是典型的串行业务模式，表面上看起来合理有序，其实这种定期节点式的信息交互方式不仅浪费时间，而且各专业间交换信息的版本很可能不是同一个时间段的版本，容易出现大量的错误，费时费力。

BIM 技术提供了以数字化模型为基础的统一的交互方式，基于协同设计平台实现设计数据的实时共享，基于统一的整体骨架控制信息，部分专业可同时开展设计工作，使传统的串行设计向并行设计进行升级，转变原有的设计协同方式。

（2）统一管理设计成果。以往的数据存储大多都是离散化的，最终设计成果归档后，部分有价值的设计过程文件分散在各设计人员手中，整体设计数据利用效率低，安全性较差，也缺少有效的数据保护机制和协调共享机制。应用 BIM 技术，将庞大的设计信息存

储于统一的平台里进行管理，各专业在统一的标准下进行信息的存储和交互，规范了设计成果。服务器数据存储的稳定性和安全性也大幅优于各设计人员的普通台式机。

使用 BIM 数据管理平台统一管理 BIM 成果，让数据按照统一的标准进行存储，规范数据格式。将海量的数据信息分专业、分阶段、分层次地进行管理，确保数据的实时性、关联性及统一性。

5.6.3 并行设计与三维校审

传统的水利水电工程设计是按照上、下序专业的数据传递逻辑关系进行的串行设计。一般上序专业的设计资料无论是中间成果还是最终成果，均需要经过较长时间的设计过程，并且由于数据不具有关联性，当这些数据修改更新后，下序专业调整的工作量会比较大，这也导致下序专业一般会采取等到上序专业确定最终方案后才开始本专业工作的策略来减少自身的工作量。这样就会使得一个项目的整体设计周期比较长。

通过 BIM 技术的数据关联性、协同性，可以很好地解决专业间数据引用和同步更新的问题，从而使得项目设计流程的上、下序关系不再制约专业协同工作，下序专业可以在上序专业的设计资料具备本专业开展工作的条件时，就提前开展相关设计工作，缩短了传统的串行设计周期，特别是在项目后期，各专业可以完全并行地开展工作，相互协同，提高了工作效率和质量。

上述通过 BIM 技术产生的设计流程的改变，也会和传统的企业质量管理体系发生一定的冲突。如果严格按照传统的质量管理体系进行管控，必然会导致三维协同设计效率的降低，并引起工作量增加、设计人员积极性降低、推进工作受阻等一系列问题。因此，需要将传统的质量管控方法进行一定的修改来适应新的设计流程。

根据并行设计流程的特点，单专业的设计产品并不需要改变原有的质量校审方法，主要是涉及会签的跨专业设计产品校审不能按照原来的各个专业单独校审和会签的形式来进行，这样就会产生不必要的重复性工作，没有充分利用多专业协同、数据互用的优势。当各专业设计工作到达一定程度时，对于协同平台上的 BIM 设计模型可以进行多专业集中会审，统一对整体模型进行校审，将通过校审修改的最终整体模型作为各专业出图的依据，各专业出图后再进行图纸的校核即可，无须审查和其他专业会签。

5.6.4 设计成果输出

传统图纸的信息标注不但需要其他图样进行配合，在描述上也缺乏直观性，多以点、线、面以及符号的方式来表达，而且也只是为了画图而画图，没有参数化的概念。采用 BIM 技术之后，通过 BIM 软件建立各专业、各环节的 BIM 模型，将相关数据信息纳入模型之后，可以直接展示出建筑的本来面目。

BIM 的关键工作在于数据，数据的载体是模型，通过修改模型来实现高度自动化的 BIM 设计流程化出图和全专业同步设计出图，图纸质量显著提高，BIM 设计出图的成果完全确保了图模的一致性，因为成果是在一套模型中进行生产的，确保了各专业之间的设计一致性，确保了图纸的平面、立面、剖面、节点视图的互相一致性，通过直接的三维协同设计达成"先三维设计再直接出图"的 BIM 设计高效模式，彻底消除了 CAD 时代图纸中的"错、漏、碰、缺"问题，使设计质量大幅提升。同时，也为后期设计的修改、更新等带来了更多的便利和质量保证。

5.7　该阶段各项目角色职责

5.7.1　项目部

（1）项目经理。项目经理是本项目 BIM 设计的第一责任人，负责统一调配项目资源，制定 BIM 协同设计总体计划，确保 BIM 设计满足计划进度和现场图纸供应的要求。

（2）项目设总。项目设总应根据 BIM 设计总体策划，在项目经理的领导下开展工作，主要负责 BIM 设计生产组织的具体落实工作。项目设总应全过程深度介入 BIM 设计，主持项目 BIM 策划会议，组织各专业开展 BIM 集中办公、BIM 模型会审，完成阶段性 BIM 模型固化等工作，及时处理发现的问题，并协调各专业接口，解决各专业设计过程中所出现的各种冲突和矛盾。

（3）项目 BIM 副设总。项目 BIM 副设总应协助项目经理和项目设总开展生产组织工作，编制、落实项目 BIM 设计工作计划，为项目提供 BIM 技术支撑；负责在协同设计平台服务器上对本项目各级技术人员权限进行设置，并对文档进行维护，负责对总装模型开展"项目级"碰撞检查等工作。通常由项目中具有一定 BIM 设计经验的副设总或 BIM 组织机构派驻技术工程师兼任。

5.7.2　专业部门

专业部门为 BIM 协同设计的生产基础单元，向具体项目负责。专业部门负责专业资源的配置工作，为项目提供合适的 BIM 设计成员，按项目部要求在计划时间内保质完成本专业 BIM 模型的建立，为实现 BIM 协同系统总装模型做好专业生产技术和质量保障。

（1）项目负责人。项目负责人应承担本部门 BIM 模型和 BIM 工作计划的确认工作，保证本部门和专业 BIM 模型的合理性；充分理解项目 BIM 设计的进度、内容和要求；主持本部门 BIM 设计的策划工作，全过程深度介入本部门 BIM 设计，并在 BIM 模型建立之初与专业负责人、专业主设人员充分沟通，确保 BIM 模型能够准确反映设计意图和要求，负责本专业 BIM 模型总装工作。

（2）专业总工。专业总工应承担本专业的 BIM 策划、BIM 模型审查等技术把关工作。

（3）专业负责人。专业负责人承担本专业 BIM 模型的设计或校核工作，保证本专业 BIM 模型的完整性；负责按照项目/专业策划的要求编制本专业 BIM 工作计划，做好与项目及其他专业工作的配合和接口协调事宜；负责产品的具体生产落实，及时向项目负责人或主管部门领导汇报生产组织中的重要问题，必要时上报项目设总或项目经理，并负责问题的具体解决落实。

（4）专业主设人员。专业主设人员主要承担本专业 BIM 建模、抽图等具体的 BIM 设计工作，充分理解本专业的设计意图和要求，并客观、准确地反映在 BIM 模型中。

5.7.3　BIM 组织机构

企业 BIM 组织机构作为 BIM 应用的引导与技术支撑单位，负责监控项目 BIM 协同设计的总体应用状况，解决 BIM 应用中出现的重大技术问题，为 BIM 协同设计提供高层次的技术支持。具体工作职责如下：

（1）负责 BIM 软件重大瓶颈性技术问题的解决以及软件功能改进等需求的搜集、整

理和落实。

（2）协助各工程项目部编制、落实 BIM 工作计划；为各工程项目 BIM 协同系统的应用提供技术支撑；负责项目级 BIM 标准工作环境的建立；中心 BIM 系统管理员负责项目 BIM 模型及图库在 BIM 管理平台中的维护工作。

（3）负责企业 BIM 协同设计平台的人员权限管理和文档维护。

（4）为各项目、各专业提供 BIM 设计重大瓶颈性技术问题的技术指导。

5.8　完成该阶段实施的基本要求

该阶段导航项目结束后，企业应完成导航项目全专业 BIM 模型的创建工作，并完成满足规范和企业要求的二维抽图工作。完成该阶段实施的基本要求如下：

（1）整理并形成导航项目的各专业基本模型库、参数列表及参数化模型使用说明书。

（2）整理并形成导航项目的各专业基本 BIM 设计模板文件。

（3）能创建并管理多个项目 BIM 协同设计平台。

（4）整理并完善在项目层面可执行的 BIM 控制文件框架。

（5）整理并完善 BIM 项目流程框架控制文件。

（6）整理并完善导航项目实施过程中各级人员职责及权限管理的相关规定。

第 6 章

BIM 实施第四阶段

6.1 实施目标

在该阶段，实施企业已经具备了项目应用 BIM 技术的经验，但尚缺乏企业整体的 BIM 流程管控体系，导航项目的 BIM 控制文件也仅仅是本项目的成果，需要总结归纳，将其升级为企业通用的项目管理标准。因此，该阶段的主要工作以技术总结推广为主，全面梳理企业 BIM 应用管控流程，编制企业 BIM 应用体系文件；组织企业技术人员搭建企业核心 BIM 设计模型库和制作 BIM 设计模板文件等。在全面推广导航项目应用经验的基础上，实现 BIM 技术企业级常规化应用。

6.2 BIM 应用体系文件

标准体系文件的建立保证了 BIM 组织管理架构的合理高效运行，同时也使 BIM 生产流程体系更加完善可靠，为 BIM 设计规范化和 BIM 设计在企业各专业的全面推广起到保障作用。

导航项目完成后，企业应组织人员编写企业 BIM 体系文件，分为企业级、项目级和专业级 3 个层次，如图 6.2-1 所示。

6.2.1 企业级 BIM 管理文件

（1）BIM 设计生产组织与流程管理规定。

1）规定企业 BIM 应用各级人员的职责，包括 BIM 设计督导组的职责、项目经理的职责、项目三维副设总的职责、项目负责人的职责、专业总工的职责、专业负责人的职责、专业主设人员的职责和 BIM 组织机构的职责。

2）规定企业 BIM 设计策划，包括以下内容：

a. 项目当前阶段开展三维设计的范围和深度。

BIM 协同设计标准体系文件

企业级管理规定

BIM设计生产组织与流程管理规定

常规水电项目招标设计与施工详图设计
阶段 BIM 设计出图分类管理规定

勘测 BIM 设计作业管理规定

BIM 协同设计平台管理办法

抽水蓄能电站项目招标设计与施工详图
设计阶段 BIM 设计出图分类管理规定

枢纽系统BIM设计作业管理规定

常规水电项目可行性研究阶段
BIM 设计出图分类管理规定

厂房系统BIM设计作业管理规定

BIM 设计考核评价标准

抽水蓄能电站项目招标设计阶段
BIM 设计出图分类管理规定

工程数字展示制作生产管理规定

专业级操作规程与使用手册

各专业 BIM 设计软件使用手册

各专业建筑物 BIM 设计手册

各专业参数化模型库使用说明

各专业 BIM 设计二维出图规定

各专业三维产品校审研究

项目级工作大纲与指导文件

各项目 BIM 协调设计控制计划

各项目 BIM 设计工作大纲

各项目 BIM 协同设计指导文件

图 6.2-1　BIM 协同设计标准体系文件

b. 确定各专业需完成的三维模型、建模次序、上下序建模技术要求等。

c. 确定协同设计平台上的文件目录结构。

d. 确定合理的三维设计工作计划,明确各专业三维模型初步创建、模型总装、三维会审、三维模型固化等工作的完成时间。

e. 确定合理布置方案和重要控制性尺寸,作为各专业三维建模的依据。

f. 确定三维模型设计参考模板。

3)规定企业 BIM 模型的分级。项目级模型总装产品为Ⅰ级,专业级模型总装产品为Ⅱ级,专业级模型产品为Ⅲ级。

4)规定企业 BIM 模型抽图的分类。图线均从三维模型抽取,仅需后期添加桩号、尺寸、说明和小部分修改即可出图的图纸定义为 A 类;图线部分从三维模型抽取,还需在后期手工绘制部分图线,再添加桩号、尺寸、说明方可出图的图纸定义为 B 类;不适于三维设计,需采用其他三维专业辅助软件完成的图纸定义为 C 类;不适于三维设计,需采用传统二维制图软件绘制的图纸定义为 D 类。

(2)BIM 协同设计平台管理规定。

1)规定系统管理员职责。系统管理员职责包括协同设计平台项目目录创建、初始项目模板创建、协同设计人员权限分配与调整、协同设计平台升级维护以及对项目管理员进行培训与监督。

2)规定项目管理员职责。项目管理员职责包括项目日常目录结构维护、文件链接关系维护、项目人员权限维护更新,并协助系统管理员完成重大变更。

3)目录划分。结合项目管理中的任务划分、任务计划编制,并根据合理组织划分、便于数据管理、减少数据冗余的要求,严格划分平台目录结构。"协同设计系统"为第一级目录,"项目管理器"为第二级目录,各具体项目为第三级目录,工程的不同阶段为第四级目录,各设计专业为第五级目录。

4）模型文档命名。将模型文档按照不同类型分为 4 类：①地形、地质模型，按照"专业-区域"进行命名；②坝工模型，按照"专业-××坝段"进行命名；③根据高程创建的模型，按照"专业-部位-楼层-系统"进行命名；④根据功能创建的模型，按照"专业-部位-系统"进行命名。

各专业分部位的总装模型按照"专业-部位"进行命名。

各部位（各区域）所有专业的总装模型按照"部位"的名称进行命名。

5）平台权限管理。将平台管理员分为系统管理员和项目管理员，系统管理员账号为 admin，项目管理员账号为×××_admin（×××表示某个工程项目的拼音缩写）。系统管理员负责处理各个设计部、专业室、项目部权限调整的申请和落实工作，并定期巡检 5 级以上目录，处理平台异常情况。项目管理员负责本项目内的模型分部位规划、模型组装工作，负责项目内的目录维护、文档维护等工作，主持模型版本固化过程中的文件管理工作。

6）设计人员权限。所有设计人员在协同设计平台上的权限通过权限组来管理，每个项目分"可写组"和"只读组"，可按专业进行设置。一线 BIM 设计人员对参与项目本专业文件夹具有可写权限，对参与项目其他所有专业文件夹具有只读权限。校核人、审查人、核定人若不参与 BIM 设计，仅在本人校审文件夹下具有可写权限，若参加 BIM 设计，需要通过申请获得相关文件夹的可写权限。

7）文档管理与维护。对文件的所有操作应该及时在协同设计平台服务器上更新，在当前激活版本的 BIM 模型文件夹内，设计人员不得任意新增、删除、重命名三维文档，如果确实有需要，应通过申请由项目管理员进行管理。某个版本的三维模型在完成项目会审后，必须在协同设计平台上进行模型固化，同时启用新版本的三维模型。此时，系统管理员应及时收回所有人员对已固化的三维模型文件夹的可写权限。

（3）企业模型库管理规定。

1）管理及权限划分。企业模型库统一保存至协同设计平台中，各级管理及权限划分与"BIM 协同设计平台管理规定"中的权限划分相同。

2）参数化模型创建。各专业创建的参数化模型应结合本专业的特点，并应符合行业设计规范和国家有关规定，反映本专业设计经验，具备参数化驱动性，能很好地提高生产效益。其命名按照"软件平台名称-专业序号-模型序号-版本编号（模型名称-作者）"的格式进行。每一单体参数化模型应配有使用说明书。各专业完成的参数化三维模型及使用说明书应进行校核和审查。

3）参数化模型上传与发布。各专业 BIM 模型创建、校审完成后，交由本专业部门管理员统一上传至企业模型库。各专业部门管理员在相应部门、专业目录树下上传模型和模型使用说明书。各专业设计人员进行 BIM 模型版本更新后，同样交由本专业部门管理员上传至企业模型库进行版本更新。

4）企业模型库的使用。本部门模型申请需求向部门管理员申请，由部门管理员审核、备案并进行处理。其他部门模型申请需由部门管理员向提供方部门管理员申请，由提供方部门管理员审核、备案并进行处理，若模型涉及专业核心技术，则提供方部门管理员需向部门主任报批获准。

（4）水利水电工程 BIM 出图分类管理规定。

1）各部门职责。项目部根据项目年度总体计划做好 BIM 设计工作策划，组织编制 BIM 设计出图目录，按照各专业图纸分类目录在项目季度作业计划中标识图纸分类。生产部门根据项目部下达的项目计划，按照图纸分类进行 BIM 设计和出图。BIM 组织机构在项目执行的过程中提供 BIM 设计技术支持。

2）BIM 模型抽图的分类标准。按照"BIM 设计生产组织与流程管理规定"中的分类规定进行分类。

3）各专业图纸分类目录。详细规定各主要 BIM 设计专业（勘测、坝工、厂房、水道、建筑、电气一次、电气二次、水机、暖通、给排水、施工、金属结构、路桥等专业）在不同工程类别（水利工程、常规水电工程、抽水蓄能电站工程）、不同设计阶段（项目建议书阶段、可行性研究阶段、初步设计阶段、招标设计阶段、施工详图设计阶段）按照规范应绘制的各类图件的出图目录，并表明每类图纸对应的分类（A 类、B 类、C 类、D 类）。

（5）水利水电工程 BIM 模型设计深度等级规定。根据水利水电工程的特点和阶段划分，将水利水电工程 BIM 模型划分为 5 个深度等级，模型内容逐级细化。可行性研究阶段（预可行性研究阶段）、初步设计阶段（可行性研究阶段）、招标设计阶段、施工详图设计阶段、竣工阶段分别依次对应一～五级模型。

1）深度等级一级模型：图元信息的坐标、尺寸、面积、体积、图层、颜色等基本准确，能反映模型基本几何形状和工程布置方案。一级模型对工程属性信息不作要求。

2）深度等级二级模型：图元信息中的尺寸、面积、体积、坐标、图层、颜色等信息应准确表达，能体现主要设计意图，细节内容可忽略。二级模型对工程属性信息不作要求。

3）深度等级三级模型：图元信息中的尺寸、面积、体积、坐标、图层、颜色等应准确表达，能完整体现重点细节部位的设计意图。模型能反映关键性的设计需求或施工要求。

4）深度等级四级模型：图元信息中的尺寸、面积、体积、坐标、图层、颜色等应准确表达，能完整体现所有设计意图。工程属性信息应包含重点设计参数，能反映设计需求或施工要求。

5）深度等级五级模型：图元信息中的尺寸、面积、体积、坐标、图层、颜色等应准确表达，能体现工程完建状态，图元信息的完备程度与四级模型详细程度相同。工程属性信息应反映工程完建时期的技术状态。

（6）勘测 BIM 设计作业管理规定。结合企业勘测各专业现行的管理制度和专业特点，规范勘测各专业三维设计的职责、工作流程和质量控制要求，如图 6.2－2 所示。

1）测量 BIM 设计工作流程。测量专业 BIM 模型是下序各专业开展 BIM 设计工作的基础，项目部下达的项目勘察任务书中应明确本项目所需地形 BIM 模型的建模范围及技术要求。测量专业在创建模型时，应统筹考虑各专业对地形模型的需求，确定地形数据优化工作的技术方案和技术路线，并编制建模计划。模型创建工作应充分考虑下序专业的技术需求，并在满足测量专业技术规程规范要求的基础上对地形数据进行数据优化。模型经校审固化后上传至协同设计平台。

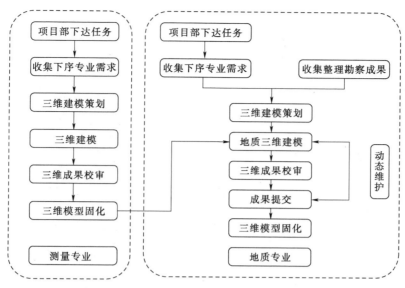

图 6.2－2　勘测各专业三维设计的职责、工作流程和质量控制要求图

2）地质 BIM 设计工作流程。项目部下达的项目勘察任务书中应明确本项目地质 BIM 设计工作的总体要求、工作目标和控制计划。收集下序专业关于地质 BIM 模型的范围、重点关注区域、地质内容、初拟设计方案（含比选方案）、典型设计断面等相关需求和技术资料，充分了解设计意图和技术需求。同时编制地质专业 BIM 设计策划文件，内容包括各三维地质模型的建模范围、数据源、数据精度、地质对象的技术参数（模型名称、用色、图层、剖切线型等）、人员分工、进度计划、质量控制措施等。

地质 BIM 建模工作在工程地质内外业一体化平台上展开，所有勘察成果资料均应从地质数据库中提取。地质 BIM 模型应综合利用勘察成果、地质勘探线的剖切分析、典型设计断面的剖切分析及平切分析等数据源构建，三维模型既要反映现有勘察成果，又要反映地质工程师的地质分析信息。模型经校审固化后上传至协同设计平台。

（7）枢纽系统 BIM 设计作业管理规定。根据枢纽区各专业的特点，将同一生产序列上的设计流程划分至同一 BIM 设计软件中，根据专业间数据传递的流程分为开挖协同设计和结构协同设计。针对水利水电工程枢纽区水工、施工、机电、金属结构、建筑等专业之间的数据交换作出定义，明确各专业模型组织结构和参数驱动控制结构，明确各专业分工和专业接口，如图 6.2－3 和图 6.2－4 所示。

1）开挖协同设计。基于协同设计平台，地质、水工、施工专业通过开挖 BIM 软件开展枢纽

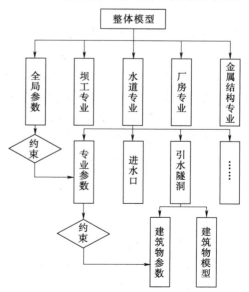

图 6.2－3　模型组织结构图

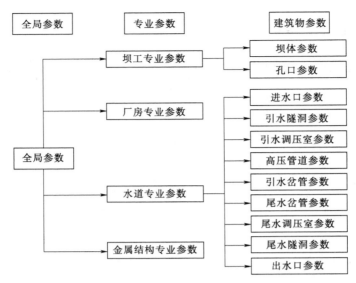

图 6.2-4　参数驱动控制结构图

区开挖填筑相关设计工作。

a. 勘测专业上传模型至协同设计平台，供下序专业使用。

b. 水工专业负责人引用勘测模型，建立勘测 BIM 模型副本，依据枢纽布置方案建立整体骨架。水工各专业依据整体骨架，各自引用勘测模型，进行各专业的建筑物及开挖设计。

c. 施工专业负责人引用水工专业完成的勘测 BIM 模型副本、建筑物模型，依据施工总布置方案，建立施工导流、施工工厂、施工交通等整体骨架。施工各专业依据整体骨架，各自引用勘测 BIM 模型副本，进行各专业的建筑物及开挖填筑设计。

d. 项目部将各专业成果进行整合，形成总装模型。当各专业模型发生碰撞时，由项目部负责协调各设计部处理模型。

2）结构协同设计。结构协同设计涉及坝工、水道专业建筑物，厂房专业地下洞室群，以及金属结构专业设备等的三维模型设计。根据结构 BIM 软件的特点，采用自上而下的工作方式，利用骨架造型的方法组织整个模型。

a. 项目部 BIM 设计负责人创建整体模型节点，搭建全局参数；创建各个专业节点，并将各个专业节点授权给各部门专业负责人。

b. 各部门专业负责人搭建各个专业参数；创建各个任务节点，并将各个任务节点授权给各个设计人员。

c. 设计人员根据具体建筑物结构需要，搭建各个建筑物参数及各结构层次参数，并最终完成 BIM 模型创建。

（8）厂房（泵站）系统 BIM 设计作业管理规定。厂房（泵站）系统 BIM 设计涉及水工专业厂房及附属建筑物、机电专业设备及管线、建筑专业设备及装修、金属结构专业设备等的三维模型设计。基于协同设计服务器，采用厂房 BIM 软件开展 BIM 设计工作。

1）项目骨架文件的创建与管理。项目骨架文件由水工专业负责创建，并上传至协同设计服务器中，各专业通过 BIM 软件客户端打开项目骨架文件。项目骨架文件及各专业子模型文件均通过协同设计服务器进行相互参考引用。

2）模型区域划分。对厂房系统相对独立的建筑物结构体系，项目部可将厂房系统 BIM 模型进行区域划分，分解为各区域子模型。

3）各专业协同设计。各专业根据项目骨架文件分别建立每个区域各专业骨架文件，对本专业模型进行定位。各专业设计人员开展本专业设计工作，同时可以链接其他专业模型作为参考。

4）模型总装及碰撞检查。水工、机电、建筑各大专业先将本专业模型进行总装，并进行碰撞检查和模型优化，经校审后，在协同设计服务器上进行发布。项目部对区域模型及整体模型进行总装，并进行碰撞检查和模型优化。

5）模型会审及固化。区域模型及整体模型经会审后，在协同设计服务器上进行固化，并完成相关出图工作。

6.2.2 项目级 BIM 应用大纲

（1）BIM 设计工作大纲。在总结导航项目实施经验的基础上，完善并编制项目级 BIM 设计通用工作大纲，对 BIM 协同设计通用的工作内容、实施方案、实施流程、项目协调与检查和控制性进度计划等内容作出详细规定。

（2）BIM 设计指导文件。在总结导航项目实施经验的基础上，完善并编制项目级 BIM 设计通用指导文件，对 BIM 模型文件组织与要求、BIM 设计建模标准、BIM 模型文件命名与色彩等内容作出规定。

6.2.3 专业级 BIM 操作手册

企业各专业根据自身的设计特点，在企业级 BIM 管理文件的框架下编制适用于各专业的 BIM 设计操作手册，建立专业 BIM 设计指导体系，指导并促进 BIM 设计的全面开展。各专业 BIM 设计专业指导文件主要包括各专业 BIM 设计软件使用手册、各专业建筑物 BIM 设计手册、各专业参数化模型库使用说明、各专业 BIM 设计二维出图规定和各专业三维产品校审研究。

（1）水工专业 BIM 操作手册见表 6.2-1。

表 6.2-1   水工专业 BIM 操作手册

名　称	内　容
枢纽 BIM 设计管理办法与操作规程	适用于水利水电工程各设计阶段的 BIM 设计生产组织，主要内容包括软件平台、BIM 协同设计系统架构、设计流程、项目应用流程等，适用专业主要包括地质、水工、机电、金属结构、施工、建筑等专业
厂房 BIM 软件使用手册	指导设计人员更好地将厂房 BIM 软件的功能应用于水利水电工程 BIM 设计中，归纳了厂房 BIM 软件的主要功能及设计思路，并对厂房结构布置和协同设计两个方面进行了详细介绍，适用专业包括水工、建筑等专业
开挖 BIM 软件使用手册	指导设计人员更好地将开挖 BIM 软件的功能应用于水利水电工程 BIM 设计中，归纳了开挖 BIM 软件的主要功能及设计思路，并对开挖面创建和工程量统计两个方面进行了详细介绍，适用专业包括水工、施工等专业

续表

名　称	内　容
结构 BIM 软件使用手册	指导设计人员更好地将结构 BIM 软件的功能应用于水利水电工程 BIM 设计中，归纳了结构 BIM 软件的主要功能及设计思路，并对 BIM 建模思路和二维出图两个方面进行了详细介绍，适用专业包括水工、金属结构等专业
重力坝 BIM 协同设计流程	指导和规范重力坝 BIM 设计，适用于水利水电工程各设计阶段的重力坝设计，适用专业主要包括地质、水工、施工等专业
厂房 BIM 协同设计流程	厂房 BIM 协同设计指水电站厂房及附属建筑物的建筑、结构及设备布置 BIM 设计，适用于水利水电工程各设计阶段，适用专业主要包括厂房、水机、电气一次、电气二次、金属结构、建筑、暖通等专业
面板堆石坝 BIM 协同设计流程	指导和规范面板堆石坝 BIM 设计，适用于水利水电工程各设计阶段的面板堆石坝设计，适用专业主要包括地质、水工、施工等专业
拱坝 BIM 协同设计流程	指导和规范拱坝 BIM 设计，适用于水利水电工程各设计阶段的拱坝设计，适用专业主要包括地质、水工、施工等专业

（2）机电专业 BIM 操作手册见表 6.2-2。

表 6.2-2　　　　　机电专业 BIM 操作手册

名　称	内　容
厂房 BIM 设计操作规程与管理办法	规范厂房建筑物 BIM 设计的技术要求，保证 BIM 设计的产品质量，适用于机电专业 BIM 设计工作。对于由 BIM 设计衍生的二维产品，在按该规定执行的同时，仍遵照企业相关生产技术管理规定执行
水电工程 BIM 设计编码规定	建立统一的水电工程 BIM 设备模型编码标准体系，有效指导水电工程 BIM 设计和电厂设备信息化编码工作，为数据共享机制的建立奠定基础，确保 BIM 后续工作的顺利开展，统一在企业范围内采用国际通行的发电厂标识系统（KKS 编码）
机电模型库建立规则	指导和规范机电模型库的建立，针对机电模型库建立进行了详细介绍，适用专业包括水机、电一、电二等专业
协同平台使用指导手册	介绍 BIM 协同平台的使用流程
水电站 BIM 设计手册（综合篇）	指导机电专业设计人员更好将机电 BIM 软件的功能应用于水利水电工程 BIM 设计中。主要针对电气一次 BIM 设计工作进行编写
水电站 BIM 设计手册（水力机械专业）	指导水力机械专业设计人员更好地将机电 BIM 系列软件的功能应用于水利工程 BIM 设计中。主要针对水力机械 BIM 设计工作进行编写，归纳机电 BIM 软件的水力机械设计的主要功能及设计思路，并对应用机电 BIM 软件进行系统图绘制、水轮发电机及附属设备、水力机械辅助系统设备布置进行详细介绍
水电站 BIM 设计手册（电气一次专业）	指导电气专业设计人员更好地将机电 BIM 软件的功能应用于水利工程 BIM 设计中。主要针对电气一次 BIM 设计工作进行编写，归纳机电 BIM 软件的电气一次设计的主要功能及设计思路，并对应用机电 BIM 软件进行配电系统设计、照明设计以及电缆桥架和线管布置进行详细介绍
水电站 BIM 设计手册（电气二次专业）	指导电气专业设计人员更好地将机电 BIM 软件的功能应用于水利工程 BIM 设计中。主要针对电气二次 BIM 设计工作进行编写，归纳机电 BIM 软件的电气二次设计的主要功能及设计思路，并对应用机电 BIM 软件进行弱电参数化模型创建、火灾报警系统设计以及线管布置进行详细介绍

（3）施工专业 BIM 操作手册见表 6.2-3。

表 6.2-3 施工专业 BIM 操作手册

名　称	内　容
施工规划设计手册	基于施工 BIM 软件详细介绍采用创建场地及道路方法进行施工场地三维设计的方法
施工双层场地设计手册	基于施工 BIM 软件详细介绍施工双层场地三维设计方法
导流隧洞及进水塔三维模型库使用指南（第一册）	基于施工 BIM 软件详细介绍导流隧洞及进水塔三维模型库设计方法，适用于施工、水工等专业
导流隧洞及进水塔三维模型库使用指南（第二册）	基于施工 BIM 软件详细介绍导流隧洞各洞段三维设计方法，适用于施工、水工等专业
导流围堰参数化三维模型库操作指南	基于施工 BIM 软件详细介绍围堰三维设计方法，主要包含混凝土围堰（及混凝土导墙）、黏土心墙围堰、黏土斜墙围堰、复合土工膜心墙围堰、复合土工膜斜墙围堰和土石过水围堰共 6 种常用的围堰形式，适用于施工、水工等专业
施工总布置漫游指导书	总结归纳施工 BIM 软件的主要功能和设计思路，结合工程实例详细介绍施工总布置图中地形、地貌、水工建筑物、渣场、料场、场地、道路、施工机械设备、草木等三维设计的方法和步骤
砂石加工系统拼装指导书	介绍利用施工 BIM 软件所建立的砂石加工设备和辅助设施如胶带机、料仓等的三维模型；利用 BIM 整合软件对整个加工系统组装的过程
混凝土生产系统拼装指导书	简单介绍混凝土生产系统的主要组成部件、管理运行方式，以及以 BIM 整合软件为平台进行拼装的基本方法，适用于施工专业

（4）路桥专业 BIM 操作手册见表 6.2-4。

表 6.2-4 路桥专业 BIM 操作手册

名　称	内　容
连续梁三维设计操作指南	基于路桥 BIM 软件提供的出图功能，采用共享参数、二维详图等标注功能实现符合出图规范要求的施工图，介绍连续梁三维建模过程
涵洞三维设计操作指南	基于路桥 BIM 软件提供的出图功能，采用共享参数、二维详图等标注功能实现符合出图规范要求的施工图，介绍涵洞三维建模过程
道路三维设计流程和使用说明	基于路桥 BIM 软件提供的功能，通过建立曲面，实现参数化，从而快速实现道路三维模型的建立，介绍曲面建立和道路设计的过程和使用方法
隧道三维设计操作指南	基于路桥 BIM 软件提供的出图功能，采用共享参数、二维详图等标注功能实现符合出图规范要求的施工图，介绍隧道结构三维建模过程
安装场三维设计流程和使用说明	基于路桥 BIM 软件提供的功能，通过建立曲面，实现参数化，从而快速实现安装场三维设计，介绍曲面建立和安装场的过程和使用方法
参数化模型库设计和使用说明	本流程提供的方法是基于路桥 BIM 软件提供的功能，建立参数化模型库，实现快速三维模型建立，介绍模型库建模过程和使用方法

(5) 金属结构专业 BIM 操作手册见表 6.2-5。

表 6.2-5　　　　　　　　　　金属结构专业 BIM 操作手册

名　称	内　容
金属结构专业 BIM 协同设计操作指南	规范金属结构专业三维协同设计流程、BIM 设计方法和原则，用以指导、规范员工 BIM 协同设计工作
拦污栅 BIM 参数化设计操作指南	规范常规水电站进水口拦污栅 BIM 参数化设计流程、BIM 参数化模型建立及引用方法和原则，用以指导、规范员工 BIM 参数化设计工作
平面滑动检修闸门 BIM 参数化模设计操作指南	规范平面滑动检修闸门 BIM 参数化设计流程、BIM 参数化模型建立及引用方法和原则，用以指导、规范员工 BIM 参数化设计工作
平面滑动事故闸门 BIM 参数化模设计操作指南	规范平面滑动事故闸门 BIM 参数化设计流程、BIM 参数化模型建立及引用方法和原则，用以指导、规范员工 BIM 参数化设计工作
表孔弧形闸门 BIM 参数化设计操作指南	规范表孔弧形闸门 BIM 参数化设计流程、BIM 参数化模型建立及引用方法和原则，用以指导、规范员工 BIM 参数化设计工作
底孔弧形闸门 BIM 参数化设计操作指南	规范底孔弧形闸门 BIM 参数化设计流程、BIM 参数化模型建立及引用方法和原则，用以指导、规范员工 BIM 参数化设计工作
导流封堵闸门 BIM 参数化设计操作指南	规范导流封堵闸门 BIM 参数化设计流程、BIM 参数化模型建立及引用方法和原则，用以指导、规范员工 BIM 参数化设计工作
单向门式启闭机 BIM 参数化设计操作指南	规范单向门式启闭机 BIM 参数化设计流程、BIM 参数化模型建立及引用方法和原则，用以指导、规范员工 BIM 参数化设计工作
双向门式启闭机 BIM 参数化设计操作指南	规范双向门式启闭机 BIM 参数化设计流程、BIM 参数化模型建立及引用方法和原则，特编制此操作指南，用以指导、规范员工 BIM 参数化设计工作
固定卷扬式启闭机 BIM 参数化设计操作指南	规范固定卷扬式启闭机 BIM 参数化设计流程、BIM 参数化模型建立及引用方法和原则，用以指导、规范员工 BIM 参数化设计工作
变截面叠梁门 BIM 参数化设计操作指南	规范变截面叠梁门 BIM 参数化设计流程、BIM 参数化模型建立及引用方法和原则，用以指导、规范员工 BIM 参数化设计工作
舌瓣门 BIM 参数化设计操作指南	规范弧形闸门舌瓣门 BIM 参数化设计流程、BIM 参数化模型建立及引用方法和原则，用以指导、规范员工 BIM 参数化设计工作

(6) 勘测专业 BIM 操作手册见表 6.2-6。

表 6.2-6　　　　　　　　　　勘测专业 BIM 操作手册

名　称	内　容
勘测专业 BIM 设计管理规定	规范勘测专业 BIM 设计的职责、工作流程和质量控制要求。对于由 BIM 设计衍生的二维产品的生产组织和质量控制，在按该规定执行的同时，仍遵照企业相关生产技术管理规定执行
地质 BIM 设计操作规程	规范地质专业 BIM 设计的技术要求，保证 BIM 设计的产品质量
地质 BIM 设计标准符号库	规范水利水电工程地质 BIM 建模及制图工作，保证成果质量，提高工作效率
工程测量 BIM 设计操作指南	规范工程测量 BIM 设计操作
工程地质 BIM 设计操作指南	规范工程地质 BIM 设计操作

6.3 企业级 BIM 数据中心

BIM 技术的提升很大一部分归功于 BIM 数据的积累，只有数据相应地积累到一定程度，才能整体上推动企业信息化的进程。

6.3.1 企业模型库

BIM 技术最基础的内容是参数化建模，参数化建模最直接的体现就是参数化模型的应用，现阶段 BIM 软件自带的参数化模型远远不能满足企业项目的需求，企业模型库的建立变得尤为重要。模型库应该由企业 BIM 部门建立，企业模型库的构建宜采用分散式数据库布置，将企业模型库分成两层结构进行搭建，即企业级和项目级，企业模型库与项目模型库通过企业服务器进行连接，构成企业内部模型库局域网。将企业模型库进行适当的分级以方便模型库的管理。企业模型库可按以下几种方式分类：

（1）按照专业分类，如水工、机电、施工、金属结构等模型。

（2）按照阶段分类，如可行性研究阶段、招标设计阶段、施工详图设计阶段等模型。

（3）按照特性分类，如标准库、试用库、项目库等模型。

（4）按照来源分类，如企业参数化模型、官方参数化模型、厂家参数化模型、项目参数化模型、购买参数化模型等。

6.3.2 企业模板文件

企业模板文件在构建过程中应满足以下 4 个要求：

（1）满足企业实行的 BIM 标准。

（2）所出图纸能满足企业二维制图标准，并使图纸更加规范、细致和美观。

（3）最大限度地减少设计人员的重复工作量。

（4）在单一制图软件中完成所有施工图，尽可能避免多软件同时工作。

6.3.3 企业模型库权限管理

随着企业 BIM 技术的不断提高，积累的参数化模型也在不断增加，设置合理的权限管理参数化模型库变得尤为重要。

企业模型库的权限管理分为两种，一种为上传权限管理，另一种为下载权限管理。

（1）上传权限管理：并不是企业中所有的人员都有上传参数化模型的权限，只有企业 BIM 部门的数据管理人员才具有上传权限，项目级别的人员无法将参数化模型直接上传到企业模型库中，只有将需要上传的参数化模型传递至企业 BIM 部门并通过审查后才能出现在企业模型库中，首次出现在企业模型库中的参数化模型只能先出现在"试用库"中，试用一段时间后，收集反馈意见并修改达到一定的标准后才能进入标准库，否则将从"试用库"中移除。

（2）下载权限管理：不是所有的项目级别的人员都能下载企业模型库中的所有参数化模型，项目 BIM 负责人具有在企业模型库中下载参数化模型的权限，其他项目工作人员只能在项目模型库中下载参数化模型，通过这样的方式可有效地减少参数化模型外泄的数量。

6.4 该阶段 BIM 组织机构职责

6.4.1 BIM 组织机构

作为企业中 BIM 实施的总把控机构，企业 BIM 部门显得至关重要，该阶段企业 BIM 组织机构的职责分为以下两类：

（1）建立健全 BIM 体系文件。组织项目部整理归纳在导航项目实施中形成的项目级 BIM 应用大纲和专业级 BIM 操作手册，企业 BIM 组织机构在项目级体系文件的基础上形成企业通用的项目管理标准和企业体系文件，实现 BIM 技术企业级常规化应用。

（2）搭建企业级 BIM 数据中心。将参数化模型按专业、阶段、特性、来源进行分类整理，在各项目模型库的基础上搭建企业模型库，并对参数化模型库的管理权限以及企业参数化模型的审核与入库标准作出明确的规定。

6.4.2 项目部

项目部在导航项目中积累了 BIM 组织实施的经验，该阶段项目部的主要职责是在导航项目实施经验的基础上完善并编写项目级 BIM 应用大纲、整理项目 BIM 数据。

（1）完善并编写项目级 BIM 应用大纲。该阶段项目部在导航项目实施经验的基础上完善并编写项目级 BIM 应用大纲，项目级 BIM 应用大纲应包括 BIM 设计工作大纲和 BIM 设计指导文件。

（2）整理项目 BIM 数据。项目部应对 BIM 数据中心中本项目的 BIM 数据进行整理和维护，保证数据能够长期有效地使用和更新。

6.4.3 专业部门

专业部门作为 BIM 策划的具体执行部门，在 BIM 实施过程中积累了大量的参数化模型及工作经验，该阶段专业部门的主要职责是组织各专业 BIM 实施人员整理参数化模型并形成模板库，总结工作经验，编写专业 BIM 操作手册。

（1）组织各专业 BIM 实施人员建立参数化模板库。专业部门在根据企业 BIM 部门的要求，组织各专业 BIM 实施人员整理参数化模型并形成模板库，同时协助企业 BIM 组织机构对参数化模型进行审核和入库。

（2）组织编写专业级 BIM 操作手册。专业部门应组织各专业 BIM 实施人员在第二阶段专业应用和第三阶段项目应用的基础上编制各专业（如水工、施工等专业）BIM 操作手册。

6.5 完成该阶段实施的基本要求

6.5.1 形成企业级 BIM 应用文件

企业级应用体系文件应包含企业级 BIM 管理文件、项目级 BIM 应用大纲和专业级 BIM 操作手册等。

企业级 BIM 管理文件应包含 BIM 设计生产组织与流程管理规定、BIM 协同设计平台管理规定、企业模型库管理规定、水利水电工程 BIM 出图分类管理规定、水利水电工程

BIM 模型设计深度等级规定、勘测 BIM 设计作业管理规定、枢纽系统 BIM 设计作业管理规定和厂房（泵站）系统 BIM 设计作业管理规定。

项目级 BIM 应用大纲应包含 BIM 设计工作大纲和 BIM 设计指导文件。

专业级 BIM 操作手册应包含水工专业、机电专业、施工专业、路桥专业、金属结构专业、勘测设计专业等各专业 BIM 操作手册。

6.5.2 形成企业级 BIM 模型库及模板文件

企业模板文件应满足企业三维出图及参数化建模的基本要求，模板文件应包含参数化建模中的通用参数和出图相应的线条、单位等的设置。企业模型库应包含满足项目需求的所有参数化模型以及管理权限的设置。

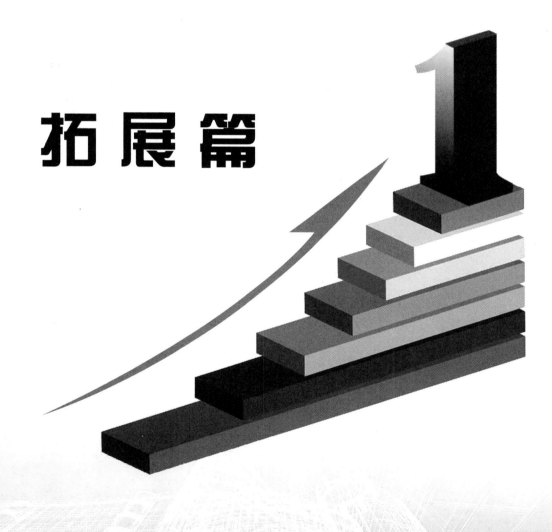

拓展篇

第7章

施工阶段的BIM应用

7.1 概述

BIM是一个项目信息化的过程，是一个在整个工程建造过程中应用数字化、信息化来提高项目质量的过程，由于BIM技术贯穿从项目设计到运维的整个生命周期，这就需要人们从关注设计到关注项目全生命周期，从聚焦设计到聚焦后续环节来进行衔接，BIM技术一方面解决了"信息孤岛"的问题，另一方面为项目设计深化、预制加工、安装等主要环节提供了技术支持。

7.1.1 施工管理的传统组织框架

传统的施工组织架构下，各部门大部分时间都是独立运作，各部门协同作业只发生在各阶段交接过程中，并且多采用二维图纸和表格数据的方式进行信息的传递，二维的本质导致了信息沟通不畅，工作的准确度更多是依靠设总、总工的个人能力和责任心。

随着技术的进步，水利水电工程特别是大型水利水电工程逐年增多。这其中又包括水库工程、排水灌溉工程、水土保持工程、防洪工程、跨流域调水工程和水力发电工程等多个子工程，水利水电工程特别是大型水库工程规模大，工作条件和技术条件复杂，施工工期较长，多数为3~5年，投资较大。由此可见，水利水电工程的综合性很强，传统的组织架构已经不能完全适应现在生产的需要[10]。

针对以上问题，BIM技术给出了行之有效的解决方案。对于施工等各个基础环节的工作，BIM技术均有与之对应的解决方案，见表7.1-1。

7.1.2 BIM技术下的施工技术变革

基于BIM的项目信息管理平台是一个重要的技术延伸方向，即以BIM模型为载体，通过信息管理系统集成项目全生命周期内的各类相关信息，使建设、设计、施工、监理等各方人员在三维可视化环境中进行协同工作，整合、梳理和再造项目管理过程中的进度、质量、

安全、费用等各项流程，可有效提高沟通效率、缩短决策过程，并有助于实现项目的精细化管理，实现数据的整合及传递，实现信息共享和管理协同，促进项目管理模式转型升级。

表 7.1-1　　　　　　　　　　　**BIM 技术对应的解决方案**

工作部门	工作内容	BIM 解决方案	重要等级
经营管理部	项目投标及管理	4D 模拟＋BIM 协同平台	
技术管理部	方案设计和深化	模型创建、分析优化、碰撞分析	
工程管理部	承担施工任务	4D 施工模拟、施工优化	
物资采购部	资产结算、物料采购	材料算量分析	
安全保卫科	施工安全管理、专项安全方案编制	5D 施工管理	
综合管理部	信息管理与交流共享	BIM＋物联网＋平台	

7.2　BIM 在施工策划中的应用

有什么样的 BIM 目标，就应该对应有什么样的 BIM 应用实施的总体安排，根据对应的总体安排来产生对应的 BIM 应用，再根据各个 BIM 应用来确定 BIM 工作流程，最后根据具体的 BIM 流程制定各成员间的信息交换要求和配置基础设施。

在实际施工中，应根据工程的特点，结合各参与方的实际 BIM 实施能力来制定相应的施工需求，如：①施工阶段模型维护与更新；②设计成果深化；③施工组织方案策划；④施工流程模拟及分析；⑤人、机、料统一管理；⑥可视化管理及数字工地建设。

根据上述需求，明确 BIM 实施目标及总体思路，如图 7.2-1 所示。

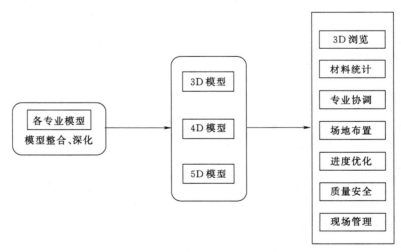

图 7.2-1　BIM 实施目标及总体思路

7.2.1　施工组织方案策划

策划又称"策略方案"，就是为了达成某些特定的目标和方案，借助科学的标准方法进行决策的一个过程。在项目策划中引用 BIM 技术，需要具备相应的条件，进行科学的策划，开展准备工作，才能顺利开展 BIM 技术应用工作并为后续工作创建有利条件。

项目主要的经济控制目标、主要施工技术、拟投入的主要物质计划、拟投入的主要施工机械计划，以及劳动力安排、施工质量监控、施工协调管理、工程资料管理、施工总平面布置等通过采用 BIM 技术，使项目以更低的投入或最小的代价达到预期目的。

7.2.2 施工场地布置

BIM 技术能够将施工场内的平面元素立体直观化，帮助人们更直观地进行各阶段场地的布置策划，综合考虑各阶段的场地转换及布置，并结合绿色施工的理念优化场地布置，避免重复布置。

通过场地分析，对景观规划、环境现状、施工配套以及建成后的交通流量等各影响因素进行评价和分析，利用 BIM 结合地质三维系统，对场地及拟建的构筑物进行建模，评估规划阶段场地的使用条件和特点，最终作出该项目最理想的场地规划、交通流线组织关系、建筑布局等关键决策，基于 BIM 技术的数字化施工场地布置如图 7.2-2 所示。

图 7.2-2 基于 BIM 技术的数字化施工场地布置

BIM 技术提供强大的地形处理功能，可帮助实现工程三维枢纽方案布置和立体施工规划。结合移动数据采集等，将各类地质数据采集并录入地质数据库，对原始数据资料进行分析，对河道及地形资料、等高线进行仔细检查，修改错误的等高线，然后根据等高线创建地形模型，模型创建完成后继续检查过低或过高的等高线部分，修正误差，进一步修正并最终形成实际地形，可轻松、快速帮助布设施工场地规划，有效传递设计意图，并进行多方案比选。

相比于传统平面场地布置，BIM 技术应用到场地布置有以下优点：

（1）与传统依靠 CAD 平面图进行临建、道路、场地布置相比较，应用 BIM 技术能够充分发挥 BIM 三维模型在可视化方面的能力，将设计方案前置，准确得到道路的相关位置及宽度、角度，设备的进场摆放位置，施工设备的安装位置等信息，从而更方便地实现对施工设备的准确布置。

（2）运用 Navisworks 等三维漫游软件，可精确地模拟施工现场设备运行过程中对现场施工道路及规划的要求，同时模拟塔臂旋转路径及相邻作业设备的作业范围，从而为施工现场塔吊的安装提供基础数据，避免设计错误。

（3）与传统施工场地布置相比，采用 BIM 技术进行场地布置，操作简单方便，不需要现场人工、机械等配合且不需要消耗任何材料和实地试验，施工成本低、效率高[11]。

基于 BIM 的地质模型规划如图 7.2-3 所示。

图 7.2-3　基于 BIM 的地质模型规划

7.3　BIM 在施工过程中的应用

7.3.1　施工方案模拟

水利水电工程受到地质条件的影响和施工区域划分的限制，大部分施工在地下，与露天作业有很大差别[12]，制定一个经济、合理的施工进度计划变得尤为重要，它直接影响到施工目标是否能够实现，投资是否能得到回报。目前施工中普遍使用横道图和网络图，传统的网络计划图能起到一定程度的优化作用，但是由于其缺乏横向的韧性，导致进度计划的优化仅仅停留在局部，无法连接整体，统筹规划，这就导致实际施工中问题不断，优化不彻底，项目施工变得非常被动。

利用 BIM 技术，以三维模型为基础，通过专业软件可以更便捷、更准确地完成施工阶段的信息管理，提高管理质量，通过施工模拟，可以在工程建造前期提前把项目虚拟建造一遍，通过模型可以快捷地进行施工进度模拟和资源优化，通过 BIM 4D 模型的可视化特性可准确、科学地安排施工进度。综上所述，通过合理的设置，提早发现工程中的问题，结合施工方案优化、完善措施、事前控制以减少工程上不合理安排造成的窝工、返工等现象，使工序衔接的更合理。

三维模型最大的特点是"可视化"，其使复杂的施工方案变得更加直观和更易理解。将各专业模型、设施制作成 3D 模型，同时加入施工计划，也就是将模型与进度时间关联形成 4D 模型，并根据实际计划进行 4D 模拟，施工方案的模拟，通过分析优化，一定程度上可避免材料的过度浪费，在保证施工进度的前提下，可进一步优化劳动力和机械的使用效率。

7.3.2 土建 BIM 应用

（1）施工区域划分。水利水电工程特点明显，季节性、工期长、体积大、占地广，施工区域的划分受到自然条件制约多，地形、地质、水文、气象等对工程选址、建筑物选型、施工、枢纽布置和工程投资影响很大。如何将整个项目施工现场进行合理的布置成为项目开展的重要组成部分。

施工现场必须统筹安排、科学管理，传统的平面图管理制度和厂区管理条例缺乏直观的效果，难免造成遗漏和差错，已不能完全保证材料有序进场、资源合理布置，利用 BIM 技术可视化的特点，用施工现场的 BIM 模型与现场及实际环境数据挂接，建立三维的现场平面布置，验证方案是否可行，三维可视化能够方便地进行整体决策，通过 BIM 技术模拟的施工场地布置如图 7.3-1 所示。

图 7.3-1 通过 BIM 技术模拟的施工场地布置

（2）提供实际施工量。

1）应用背景。随着技术的发展，在水利水电工程建设中，土方量的计算是实际施工的重要依据，为施工组织设计和实际施工现场安排提供了参考，传统的计算手段已不能满足水利水电工程复杂地形状况下的造价计算，会对工程整体决策和经济指标控制造成一定的隐患。

2）模拟方法。基于 BIM 模型的工料计算手段相比基于 2D 图纸的预算更加准确，使用数字化技术和 GIS、RS 技术，建立与实际地形相吻合的曲面模型，通过优化形成实体模型，以此进行精确的造价计算。基于 BIM 技术的模型和原始数据是关联的，修改原始数据后，相关联的模型也会随之修改，由于更多的工作环节由计算机完成，便于校核并直接生成项目成本及工程量，提供了更多的方便。

3）效果评测。BIM 模型在实现快速算量的同时，也是提供项目基础数据的一个过程，让 BIM 技术具有强大的数据统计分析能力，并且能够实时动态掌控项目资源计划和变更情况，数据及时更新，同步联动。基于 BIM 技术的工程量可以按时间、按材料、按标段、按部位、按构件分类统计，为采购、招标、进度款支付、签证、索赔和分包结算等提供强大的数据支撑。

7.3.3 钢筋 BIM 应用

（1）钢筋下料及优化。

1）应用背景。在建筑行业，板、梁、柱、墙等标准构件通过软件已实现钢筋自动化出图，并能根据设计调整自动更新，大大提高了效率和质量，节约了人力成本。然而水利水电工程的建筑物结构多以实际地形、地质条件为依据而设计，并结合水力学条件、水力发电设备造型，使得异形结构相对较多，标准化、模块化难度大。

水利水电工程的钢筋图是设计工作的一项基本内容，特别是在工程施工阶段，设计单位需要投入大量的人力成本进行建筑物结构钢筋的出图工作，来满足工程现场施工的需要。钢筋图需要将建筑物结构面所有需要布设钢筋的部位，通过钢筋视图表现出来，在视图中需要对所有的钢筋进行编号，对钢筋规格、间距及数量进行标注。在图纸的钢筋表中，需要将所有钢筋按编号排列，对钢筋形状、长度及数量进行描述和统计，形成最终的钢筋工程量，钢筋出图工作技术上简单，而内容上又相当烦琐，特别是设计调整带来的重复性工作，消耗人力成本巨大。

2）模拟方法。结构复杂部位表现为孔洞、门槽多，结构面交叉变化多，如进出水口、带闸门的调压井、坝、厂房内部开孔及凹槽多的墙体等。在传统的二维配筋手段下，设计人员首先要画出各种结构视图，然后在钢筋主视图中进行钢筋布置，面对复杂部位需要对照多个视图，在头脑中还原成立体结构，确定钢筋走向。由于结构面复杂且变化多，钢筋的变化也随之增多，钢筋编号往往很多，各种形状参数和长度均需要进行计算，工作量很大。采用 BIM 技术手段，通过在可视化的三维模型上进行三维配筋，可直观看到复杂结构在空间上的变化，对各结构面只需输入钢筋控制参数，软件自动根据结构的变化，随着孔洞、门槽的形状生成钢筋。三维配筋完成后，后续钢筋出图需要的钢筋视图及标注、钢筋表、工程量表均由软件自动完成。基于 BIM 技术的三维配筋成果如图 7.3－2 所示。

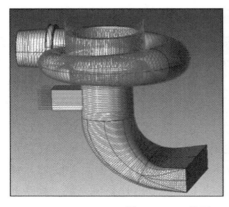
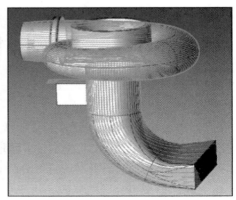

图 7.3－2　基于 BIM 技术的三维配筋成果

3）效果评测。利用 BIM 技术进行三维配筋和钢筋图的出图工作，不仅减轻了设计人员画图的工作量，而且由计算机自动生成的钢筋标注和材料表无须进行复核，校核、审查人员只需关注配筋的原则和参数设置是否正确，在三维状态下检查"错、漏、碰"问题，大大提高了效率和质量。

（2）钢筋施工指导。传统钢筋施工过程中，尤其是复杂区域，钢筋数量巨大，密集程度高，并且多层钢筋重叠，钢筋本身对于施工标高的控制和施工工艺造成了很大的施工难度，通过 BIM 模型，虽然不能百分之百地解决问题，但极大地提高了施工的质量，并且通过对钢筋的模拟，可直观地表现施工工序，即使不是本专业的施工人员，也可以很好地进行技术交底和各专业工序的衔接，基于 BIM 技术的三维施工模拟如图 7.3-3 所示。

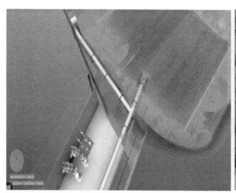

图 7.3-3　基于 BIM 技术的三维施工模拟

BIM 环境下钢筋的标准生产流程和数字化生产过程让构件生产制造变得更加标准化，减少了人为因素对生产上的干预，通过预制构件，提高了施工的质量。整个过程只需要将钢筋的信息传入到数控设备中，工人站在操作台前监控，彻底告别"手挑肩扛"的工作方式，同时大大地减少了钢筋的废料浪费，这在精确计划、精确施工、提升效益方面发挥了巨大的作用。BIM 钢筋制作流程如图 7.3-4 所示。

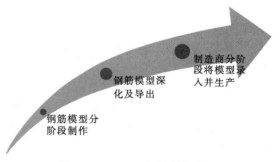

图 7.3-4　BIM 钢筋制作流程

7.3.4　机电安装 BIM 应用

水利水电工程根据其特点是在每一个阶段不同的时间出不同的图纸，如一个平面图或剖面图，都是针对不同阶段出不同的图纸，二维机电 CAD 设计人员在土建结构等完成设计后，即便对不同专业的图纸反复对比，也只能进行原则性的管综排布，准确地把握机电工程的整体质量和施工进度比较困难，基于 BIM 技术的可视化及协调应用为施工提供了协同、管理、展示信息的有效途径。

（1）协助管线综合安装。传统施工管理中，二维平面图纸很难发现不同系统的关键碰撞问题，由此引发返工造成极大的成本浪费与工期延误，利用 BIM 模型可以快捷、准确

地检查在三维环境下各专业的碰撞情况，利用 BIM 模型提前反映施工设计问题，避免返工与浪费，加快施工进度。

BIM 模型的建立过程是对施工过程的模拟，更是对设计成果的一次"三维校审"，在这个过程中对设计成果进行深化，发现隐藏其中的问题，相对于传统的单专业校审，BIM 模型的校审模式能让错误无所遁形。

各专业根据深化图纸，分专业建立各专业的模型，同时在中心文件进行组合，依此来确认管线设计的合理性，例如，在 Revit 中进行管综排布时，不同专业不同类型的模型设置相应的颜色以便进行快速的辨识，有利于提升模型审查的力度和实效，基于 BIM 软件的模型设置方式如图 7.3 - 5 所示。

名称	可见性	投影/表面			截面		半色调
		线	填充图案	透明度	线	填充图案	
A15-SL/ZSB	☑						☐
A13-SB (1)	☑						☐
A11-混凝土（钢筋）	☑						☐
A18-风口	☑						☐
A11-楼梯	☑						☐
A11-楼板	☑						☐
A11-梁柱	☑						☐
A11-砌块结构	☑						☐
A18-风管	☑						☐
A14-盘柜	☑						☐
A11-混凝土（雨水管）	☑						☐
A13-SB	☑						☐
A11-混凝土	☑						☑
A11-围护结构	☑						☐

添加(D)　　删除(R)　　向上(U)　　向下(Q)

图 7.3 - 5　基于 BIM 软件的模型设置方式

（2）辅助复杂区域方案设计。施工图深化阶段，如果各个专业没有充分地做好协调工作，可能直接会导致工作的延后，甚至影响工期。利用 BIM 技术创建项目三维可视化模型，可从多角度、多维度去审查，能更直观地反映问题，提高工作效率，并且各专业都在同平台进行修改，信息能得到实时的交流和反馈。

辅助方案设计的首要任务就是创建初步土建模型，如水工建筑物、枢纽厂房等模型，以此为参考，建立梁柱、楼梯、墙等主要外形构件，并达到一定的精细程度，机电模型可以分专业进行创建，通过文件链接的方式载入主体模型进行检查，具体效果如图 7.3 - 6 所示。

使用 BIM 技术模拟现场管线安装，根据图纸深化管线，确定各个管线标高、位置和路由等，深化过程中对标高、路由的确定，既需考虑管线施工净高，同时还应考虑施工的前序搭配，若这些事项在管综排布中未周全考虑，就容易出现管线施工中局部发生碰撞的问题，并且为后续维修造成困难[13]。例如，现场施工中出现要调整标高或翻弯处理的问题，调整的方案中，管道若与后续的管道发生碰撞和冲突，很有可能导致施工不能继续进

图 7.3-6 基于 BIM 软件创建的模型

行，而需要将完成的管线、管件等构件拆除，反复搭拆脚手架等，进而产生返工费用、材料浪费等问题，进度也受到制约。

通过 BIM 技术将现场所有数据输入软件中，创建三维模型，按照软件碰撞检测功能，检测绘制的管线，软件会准确快速地找出碰撞数量，突显碰撞位置并标记，根据碰撞报告调整解决方案并指导施工，能够有效地预防施工交叉、拆改问题。通过模拟现场管路、路由，对管线路由、标高进行调整，避免现场拆改，其他管线是否与调整后的管路存在碰撞一目了然，基于 BIM 技术的模型审查流程如图 7.3-7 所示。

（3）演示施工方案。

1）应用背景。机电工程施工是水利水电项目建设的最后工序，随着科学技术的进步、新技术及新工艺的应用、

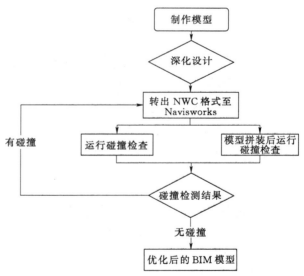

图 7.3-7 基于 BIM 技术的模型审查流程

安装经验的积累和大型设备机组安装的需要，采用多台设备平行安装、交叉作业、综合平衡的施工方法，安装速度得到了飞速的提高，这同样也带来了问题，在工程施工过程中，土建与机电安装施工环节中存在各种交叉作业。在此阶段，厂房内部处于施工的高峰阶段，为争取工期，任务普遍安排的较为紧凑，厂房机组的组装经常是在施工的高峰期，势必会多层交叉施工，施工难度加大。另外，厂房内部空间有限，多专业在同平台作业，资源调配的不合理很容易造成工期延后和不必要的浪费[14]，所以如何做好各环节的交叉作业尤为重要。

BIM 技术能够直观地反映各环节的实际情况，提前进行施工方案的模拟和资源调配的模拟，通过将现场实际施工状况进行模拟，建设相关各方可提前对施工方案进行分析和协调，极大地提高了工作的效率，同时也提高了解决问题的速度。

2）模拟方法。进行可视化施工模拟的前提是先将机电施工模拟时需要用到的模型进行创建，模型精细度应达到模拟要求，并且需要将现场的需求信息集成到 BIM 模型中，才能进行施工模拟。

以厂房区域的机电安装为例，模拟施工时，可以分层、分专业地进行施工模拟，根据各专业本身的施工需求和施工特点进行相应的优化，再结合公有资源和私有资源的有效配合以及施工资源的统一调配，保证各方按时施工，并留有优化的空间，同时也可以尽量避免各项目参与方交叉作业时互相之间的干扰，保证安全作业，此外又可以找到共同点达到平行施工，协调出更优的方案，利用 BIM 技术模拟的厂房施工完成时的状态如图 7.3 - 8 所示。

图 7.3 - 8　BIM 软件模拟厂房建造

3）效果评价。BIM 技术的特点能够为项目全生命周期服务，通过对基础信息的采集和分析，能够有效减少项目信息的丢失，加强信息的流动，打破各参与方之间的界限，使各方各司其职，得到有效协调。

在机电安装的 BIM 应用中，项目施工模型模拟的过程，也是给项目人员一次"先试后建"的机会，由于传统的施工进度安排不可能面面俱到，很多参与方的工作及工序安排都存在冲突，很多设计错漏和不合理的施工设计只有在实际施工中才能够被发现，而利用 BIM 技术提前进行一次数字虚拟建造，管理者可提前发现项目中存在的问题，将原有的被动处理转换为主动监管，这个过程也为各项目参与方提供了一个直观的协同平台，各方信息也能得到有效的交流和处理，最终形成更为科学、合理的施工方案。

（4）综合支吊架优化。

1）应用背景。水利水电工程的复杂性和多样性，决定了管线综合是整个工程中涉及专业最广、涵盖内容最多、集成信息最为烦琐的专项工程，是整个工程中最能体现工程质量的部分[15]。合理地安装综合支吊架不仅能够规划设计、统筹设计，形成一套标准管理系统，同时也能兼顾安全性和美观性，为各方工作提供有利的工作环境。

传统的综合支吊架设计，由于二维设计的局限，很多专业在协同上容易出现问题，各专业在各自的工作面上工作，协同程度不紧密。因此，如何在有限的空间内，综合考虑和布置各种管路与支吊架变得尤为重要。目前，很多工程由于缺乏这方面的精细设计，从而造成施工中勉强安装，视觉效果极差，外观零乱，很难兼顾经济性和美观性，并且过于密集的桥架也不利于后期的维修。BIM 技术的三维可视化以及协同功能可有效解决以上问题。三维状态下的管综系统如图 7.3-9 所示，其直观立体地展示了管综系统的布置。

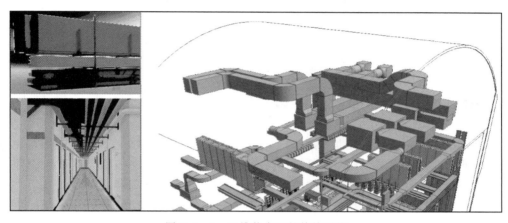

图 7.3-9　三维状态下的管综系统

2）模拟方法。首先需要创建土建模型，营造一种空间感，下序专业在土建模型中搭建。各专业将土建模型作为中心文件，以各专业机电模型作为参考，在此工作面上进行综合支吊架的模型创建。同时，各专业机电模型应根据 CAD 图纸或企业已有标准进行颜色和系统的区分，根据需要进行底对齐或顶对齐等设置，为吊架的排布和优化创造有利的条件。

进行综合支吊架优化前必须将各专业模型进行整合处理，把各专业模型进行绑定，形成一个整体文件。通过 Revit 软件创建的模型，整合方法有两种：一种方法是在 Revit 软件中将已完成的各专业机电模型进行绑定，同时以链接形式关联土建模型；另一种方法是通过导出 NWC 格式文件，使用 Navisworks 软件进行优化后返回 Revit 软件中进行调节。相比之下，第二种方法能使系统运行更加流畅，Navisworks 轻量化的模型更加利于发现问题，通过多角度观察实现模型优化，图 7.3-10 展示的是以人员实际视角进入建筑物内对管线及支吊架进行综合查看的情况。

3）效果评价。综合支吊架的优化，不仅体现了 BIM 技术三维校审的突出优点，同时也使得支吊架工程的成本得到节省。通过任意角度对节点进行全面查看，可对不合理的地方进行优化，辅助提高设计的安全性。通过 BIM 技术精准确定支吊架的尺寸和信息，可对装配式支吊架工程的发展起到积极的作用，无需焊接、钻孔，既整洁美观，又提高工作效率、缩短工期，灵活运用还可以有效降低成本。通过对支吊架的制作和安装进行模拟，还可制定合理的施工工序，保证施工的质量。

图 7.3-10 三维管综系统模型查看

7.4 BIM 在施工管理中的应用

我国基础设施行业经过长期发展，巨大的行业市场给企业带来了机遇，随着信息化的发展，促使行业发生变革，BIM 和互联网技术将成为有力的变革工具。因此，企业必须不断地利用先进的信息化技术提高自身的竞争力。

在工程建设过程中，信息传递的丢失和不流畅是造成工程项目管理效率低的主要原因。BIM 技术的不断发展，改变了传统的沟通方式，让信息流通变得更有价值。首先，运用 BIM 建模软件建立参数化模型。其次，基于信息模型基础数据为项目全生命周期服务，为参与建设各方提供信息化交流平台，为实现建设对象可视化、施工进度控制动态化、信息数据采集智能化提供技术支持。

BIM 技术的施工管理与以往的工程项目管理过程不同，其应用涉及业主单位、设计单位、咨询单位、施工单位、监理单位、供应商等多方的协同。而且，各个参建方对于 BIM 应用存在管理、使用、控制、协同上的差异化需求。因此，对项目施工过程的管理，需要以 BIM 模型为中心，建立满足各参建方在模型、信息、管理上都能协同工作的机制和管理平台。

通过统一的平台，使各参建方或业主各个建设部门间的数据交互直接通过平台进行，解决各个参建方之间的信息传递与数据共享问题；实现系统集中部署、数据集中管理；能够进行海量数据的获取、归纳与分析，协助项目管理决策；形成沟通项目成员协同作业的平台，使各参建方能够进行沟通、决策、审批、项目跟踪、通信等。

基于 BIM 的数据交换和共享方式如图 7.4-1 所示。

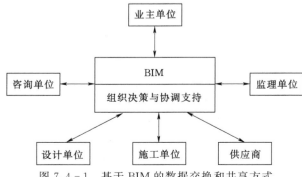

图 7.4-1 基于 BIM 的数据交换和共享方式

7.4.1 质量管理

施工进度和工程质量对工程项目整体控制起到决定作用，虽然我国工程项目施工质量随着理论知识和施工技术的发展而有所优化和提升，但还是存在一些弊病，造成工程质量的缺陷。

在工程施工过程中，由于施工技术人员经验不足导致理解图纸存在偏差，未能按照原有设计意图进行施工，是影响工程质量重要的因素[16]。同时，施工过程是一个复杂的过程，常会出现多专业、多种机械、多种材料等同时进行作业，各项目参与方在工作和资源上如果协调不当，发生冲突，就会影响整个施工进度和质量。

基于 BIM 技术"所见即所得"的特点，让一切操作在三维可视化的环境下完成，使得以往施工人员在结合图纸和施工经验来构思建筑物的形态模式被打破，三维状态下各个构件变得更加直观，各方通过可视化的模型进行沟通和决策。

在施工质量管理和控制中，各方以 BIM 数据为中心，将基础数据集合到 BIM 数据平台上，在三维可视化模型的基础上，通过将施工质量控制数据和信息与模型进行挂接，进行质量统筹管理，使工程质量管控更加科学。

7.4.2 进度管理

对于工程而言，进度管理是重中之重，这关系到整个工程的整体控制目标，如时间、成本、资金等，甚至是法律上的违约赔偿。传统进度管理对于复杂项目不能完全满足管控要求，BIM 技术的出现可让项目变得更加直观，通过三维可视化模型对施工进度进行模拟，特别是大量交叉并行的工作，可起到事先预演的作用，再根据合理的调整，保证实际进度顺利进行。

在实际施工过程中，传统模式下的施工进度管理受到自然环境、客观环境和主观环境的影响，可导致施工过程中断或衔接不顺畅。通过 BIM 软件进行施工进度管理，不仅可以提前了解下一步资源需求、设备需求和资金要求的时间表，而且还可以及时监测完成计划进度的百分比、实际使用的资金量和预算资金偏离量等。

为满足 BIM 模型与进度计划的匹配关系，进度计划的编制应根据统一的标准和命名进行，完成进度计划的编制后，导入相应的 BIM 软件中，模型和施工进度会自动进行匹配。然后，在 BIM 软件中对编制的施工进度进行模拟，分析任务分配、交叉以及工序搭配的合理性。通过 BIM 软件的视频输出功能，还可自动生成动画展示，能够更加方便地对施工环节进行跟踪和协调，从而分析原因及优化方案。BIM 技术施工模拟操作步骤如图 7.4-2 所示。

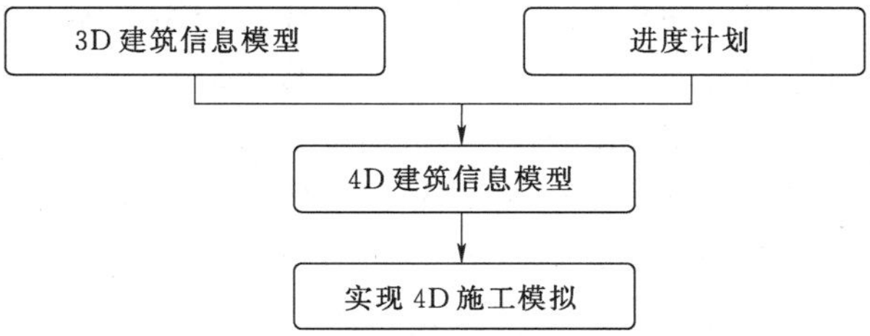

图 7.4-2 BIM 技术施工模拟操作步骤

7.4.3 安全管理

工程项目的施工安全管理主要通过事故预防以及对危险源的提前辨识和实时监控。虽然传统的施工流程有着严格的规定，实施过程也有安全检查，但事故仍然在不断地发生。很多调查表明，项目全生命周期都应该关注安全问题，并贯穿项目每一个环节。

基于 BIM 技术的安全检查是将安全标准和规则在平台中进行固化，并将 BIM 模型按照对象的几何位置、类型、属性等信息在平台中对应创建，然后关联相应的规则标准来识别施工对象。如高边坡开挖，按照步骤检查所识别的宽度和长度等，通过固化规则来监测对象，来确定对应情况下的安全措施。

在传统的工程施工安全管理中，对于危险源的判定是基于标准的表格，需要查询大量的安全规则标准进行判定。而通过 BIM 技术和软件，可将这些表格数据以及规则标准固化到施工模型中，对模型进行检查。检查方法有两种：一种检查方法是通过计算机自动检查模型，同时也可以制定更加复杂的算法，进行更精细的核查，根据结果进行方案调整；另一种检查方法是通过可视化模型进行人工核查，各方人员通过施工模拟消除潜在的隐患。基于 BIM 模型的自动护栏巡检如图 7.4 - 3 所示。

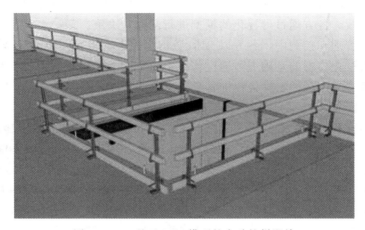

图 7.4 - 3　基于 BIM 模型的自动护栏巡检

在进行施工安全交底时，需要对危险源进行提前预防。传统的方式是安全负责人对现场工作人员耳提面命，口头描述的效果受限于负责人的表达能力和工人的接受程度，效果较差。结合 BIM 技术将施工现场容易发生危险的地方进行三维建模，将危险工序提前模拟，以三维动画的形式告知人员施工中需要注意的问题，能有效地提高安全工作的效果。进一步开发一个基于 BIM 技术的自动化安全检查系统还可以实现施工安全监控和自动检查，同时平台结合物联网技术，实现数字化自动识别监控与预警，随着项目的进展实时自动监控危险源并进行判断，对出现的安全问题自动发出警报提示消息。如利用 BIM 技术和室内定位技术建立施工人员安全控制系统，通过虚拟安全管理区域，实现施工区域中作业人员的实时位置定位和应急通信，还可实现危险源与隐患点的数据分析，以此制定可视化预案，用于施工安全交底。如图 7.4 - 4 所示为通过 BIM 软件模拟现场情况及路线。

另外，项目施工中应用 BIM 技术和变形监测、位移监测技术相结合，将 BIM 模型与重要的安全监测点数据进行对接，从而进行可视化的查询与分析，进而进行动态模拟与趋势预测，这也是未来发展的必然需要。

7.4.4　组织协调管理

基于"模型是载体，数据是核心"的理念，整合工程全生命周期的各类数据，并将模

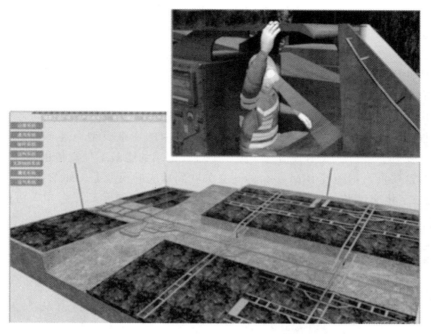

图 7.4-4　通过 BIM 软件模拟现场情况及路线

型统一存储到 BIM 平台，使工程施工过程中的项目协同管理更高效。原有的点对点的信息交流方式被打破，各参与方均通过 BIM 平台的模型进行数据交换，根据模型载体开展各自的工作。依托 BIM 平台，项目各参与方进行协同，通过 BIM 模拟演示等手段展示实际施工环境和方案，各参与方更易达成统一意见，快速确定最佳方案，降低了项目风险，提高了质量，优化了工期，使效益和效率得到了提升。

工程施工阶段，业主单位、总包单位、设计单位、施工单位、监理单位、供应商等各参与方，均需访问 BIM 平台，如何解决信息充分共享的同时，又能保证信息安全非常重要，因此平台在建立之初，要制定严格的权限访问和信息保密方案。

在 BIM 平台上，信息数据共享、4D 施工模拟、施工远程监控等技术都是围绕着平台和数据所展开的数字化应用功能。水利水电项目因其工程庞大、结构复杂、专业众多，在现场施工中各参与方之间的协调管理就显得尤为重要。基于 BIM 技术，在项目参与各方之间建立信息管理平台，可以使其在同一个平台上实现数据共享、沟通更为便捷、协作更为紧密、管理更为有效。

7.5　基于 BIM 模型的数字化移交

水利水电工程的设计过程，是一个多专业协同的过程，一般涉及地质、坝工、水道、厂房、机电、金属结构、施工等众多专业，多样性决定了产品的复杂性，目前水利水电工程交付成果仍以二维产品为主，其局限性直接影响成果的交付质量，并且也不利于沟通和协同。

通过 BIM 技术打破传统二维产品本身的局限性，原有二维成果交付局限于用二维的

线条表示三维的产品，本身就与实际成果有着很大的差异性，运用 BIM 技术，通过三维模型表达实际成果，可更加直观地从多角度视图反映设计产品方案是否符合实际情况。

传统的成果交付，信息集成程度不高，并且信息分散在各个图纸和报告中，虽然传统的文档归档使用编码分类管理，但是巨大量的文档仍然是人工去进行管理和查找，费时费力，并且成果都是静态的。

数字化移交的突出特点就是为项目全生命周期服务，从设计、施工到运维的各个阶段，全过程的资料包括土建结构、机电设备等专业内的三维模型，基于三维的材料、技术、质量、安全、耗材、成本等信息。施工中难以记录的隐蔽工程资料也能被清晰完整地记录，因为这些资料都随着 BIM 平台的建立关联到相应的模型上。如图 7.5-1 所示是基于 BIM 的数字化交付平台成果，将传统的二维图纸和资料结合到平台中，可实现有效的管理。

图 7.5-1　基于 BIM 的数字化交付平台成果

第 8 章

运维管理阶段的 BIM 应用

8.1 BIM 在运维管理阶段应用概述

水利水电工程中，项目完成后普遍会堆积很多的文档资料，在后期管理上需耗费大量的人力，存放时间过长也会造成丢失和损坏，同时由于人为因素造成的损害也不可避免。借助 BIM 技术，将错综复杂的项目资料和文档进行统一的管理，通过数字化存储和维护等技术手段，不仅提高了文档管理的能力，也提高了文档管理的安全性和系统性，并且可以通过设置多维度分类让文件之间拥有多种关联关系，方便查询和浏览。因此，通过计算机来实现档案的自动运维管理，可减少资金和人员的投入。

运维管理阶段的 BIM 模型包含了水利水电工程涉及的所有构筑物，不仅拥有和现场一致的几何模型，还包含其附属的设计、施工信息等。基于 BIM 模型的运维管理平台，能够准确地定位事故发生的具体位置，通过调出 BIM 模型及其相关的所有数据和信息，可先在计算机中分析故障原因，制定解决方案，最后再到现场进行方案实施并排除故障。

8.1.1 运维管理现状

随着科技的发展，水利水电工程发展成为集防洪、防旱、灌溉、水力发电功能为一体的现代化基础设施[17]，水利水电工程管理模式现代化却没有得到充分的发展，很大程度是传统体制没有得到改变，其中主要原因是运维管理得不到充分的重视，水利信息化运维管理和建设一样重要，不能认为其仅仅是简单的"操作"而已。

目前，绝大多数单位设有水利信息化管理机构或部门，但是没有统一的运维机构对其进行管理，运维工作散乱，造成运维效率低、人员浪费、资源浪费的现象，从而导致运维成本高。出现的运维问题往往是由复杂的原因造成的，按照目前的管理模式需要多方协同合作才能高效和彻底地解决，这就大大增加了管理的难度。只有将运维工作全部集中起来，统一管理和协调，才能从全局统筹考虑，充分利用现有资源，提高效率、降低成本。

8.1.2 BIM 技术下的运维管理变革

BIM 运维平台实施的过程就是一个数据持续采集和数据库创建与补充的过程。运维阶段的管理是基于信息化集成平台来开展工作的，将整个工程 BIM 模型及其包含的全生命周期的信息导入到平台中，来实现交互性及数字化管理。BIM 运维平台的建立解决了传统的管理信息集成难和共享难的问题，信息可以及时共享给各方，通过整体分析、整体决策和资源整体调配，将运维管理变得模块化、立体化，实现传统运维模式到数字化运维模式的转换，数据转换流程如图 8.1-1 所示。

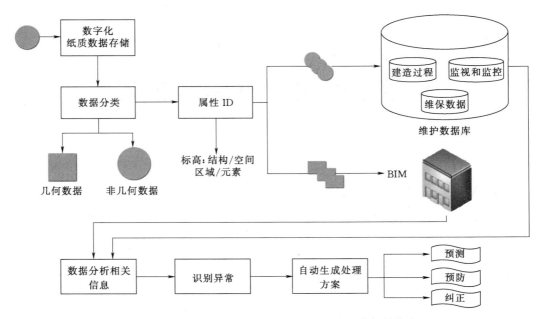

图 8.1-1 传统运维模式到数字化运维模式的数据转换流程

8.2 BIM 运维管理平台

集成物联网和 GIS 技术构造的综合 BIM 运维管理平台，是一个可扩充的、动态的、可视的，且不断丰富和完善的开放系统，目标是实现运维管理的流程化、标准化、便捷化和智能化。这将是未来运维管理的发展趋势。

在 BIM 运维平台上，可以进行文档资料的管理、资源运行的管理、建筑设备的管理、人员资产的管理、突发事件的管理。通过以 BIM 模型为载体，将相关信息资料关联的方式，实现三维可视化的运维工作模式。如操作 BIM 运维管理平台中的某一构件，平台会自动汇集它所有的属性信息，如生产厂家、型号、规格、出厂日期、安装人员信息等，并快速进行分类，以表格、图形等方式呈现给操作人员。

BIM 运维平台对于设备异常、数据异常等可进行自动监控和预警，对于相关信息可自动采集和分析。这些自动智能化的运维管理功能还需要物联网技术。在 BIM 建造的虚拟模型中，物联网承担底层信息感知、采集、传递和监测，BIM 技术承担信息的集成和交互、分析展示和管理的作用。如水质监测，通过物联网进行信息的自动采集后，可自动导入到 BIM 平台系统中进行数据分析。

另外，根据行业特点，运维管理的区域往往非常大，因此还需要融合 GIS 技术。通过 GIS 技术将庞大的基础地理信息进行空间划分，从而形成巨大的地图式数据网络，便于信息的分类、整合存储和管理。BIM 技术、物联网技术、GIS 技术三者的集成应用能够形成一个项目全过程的信息链[18]，可实现信息化管理和智能化运维在虚拟和现实中的深度融合。

8.3 BIM 运维管理的应用

8.3.1 设备设施运维监测分析

运行状态监测和数据监测等是项目运维管理的重要内容之一，传统的监测手段通过自动化系统实现，但本身存在信息录入不准确及传送信息不及时的问题，很容易出现信息不完整的情况，这一方面是由于监测数据采集设备本身的问题，另一方面是系统缺乏大数据分析的功能，无法对数据进行筛选。在 BIM 运维管理平台中，将加入大数据分析的功能，进而在进行水文、水质及工程安全等监测工作时，数据将能够得到实时的监测、统计和分析，使得业主及时作出调度与控制决策。

将 BIM 模型与运维监测分析集成，可实现三维可视化的运维场景漫游、监测仪器查询与管理、监测数据展示与辅助分析、数据报送等功能。在平台上，将水文监测数据与模型进行关联和集成，可实现可视化的信息分类和整理，方便查询和浏览。然后模型以及附属信息在平台上进一步整合，形成统一的整体，改变了监测数据"信息孤岛"的局面，进而将监测数据应用于工程运维综合分析等方面，发挥监测数据的更大价值，为决策提供各类通过大数据分析之后的统计报表。

8.3.2 调度与控制

在平台上，通过 BIM 模型对重要设备进行远程监控，收集相关检测数据并进行分析，可充分了解设备的运行状况，为更好地进行调度和控制提供良好条件。

在设备的自动控制中，通过将监测信息传送到平台上，再将其他相关各方数据融合，以监测点设备为主体，监测点周边外界环境为条件，实施联动控制。如一个空调机组，存在温度、湿度、风量等多个监测点，将监测点的数据与设备本身的运行状态数据相关联，再根据一定的逻辑关系可确定以多大的功率、转速运行，使环境达到设定温度和湿度，形成自动化控制。

8.3.3 资产管理

利用 BIM 模型可对资产进行数字化管理，辅助建设单位进行投资决策和制定短期及长期的管理计划。利用运维模型数据可评估、改造和更新项目资产的费用，从而形成一个与模型相关联的资产数据库。

目前大多数水利水电工程管理单位都建立了固定资产的管理制度，但不够全面，尤其是资产采购环节控制更是缺少了相应的制度，即使建立了，由于信息录入不及时及偏差也会造成统计误差，根本上是缺少一个有效的沟通机制[19]。

基于 BIM 技术的项目资产管理，是将从设计、施工到运维的所有工程项目信息都集成至 BIM 模型中。由于模型是基于实体数据与虚拟实物相结合的，所以可将虚拟的数字资产和物理资产相结合，形成整体的工程数字资产管理库，并随着项目的生命延续而不断进行信息和数据的扩充，从根本上解决了资产混乱的问题，提高了资产管理的信息化程度。通过与物联网技术的结合，直观有效地反映各部位的运行状态，及时获取相关信息，然后以采集的信息为依据进行数据分析，用以提高对日常设备资产管理和维护的统计、分析能力，对未来设备购置和维护计划提供指导，提高资产管理的水平。

8.3.4　设施设备维护管理

将工程设备自控系统、消防系统、安防系统以及其他智能化系统与工程运维模型相结合，可形成基于 BIM 技术的工程运行管理系统和运行管理方案，有利于实施工程项目设施设备数字化维护管理。在基于 BIM 技术的维护管理中，可以实现准确定位故障点的位置，快速显示建筑设备的维护信息和维护方案；有利于制定合理的预防性维护计划及流程，延长设备使用寿命，从而降低设备替换成本，并能够提供更稳定的服务；记录建筑设备的维护信息，建立维护机制，以合理管理备品、备件，有效降低维护成本。

在运维阶段，设备的一些重要信息，尤其是出厂时间、维保信息、尺寸参数、产品说明书等，均采用 BIM 技术与模型相对应，并彼此关联，甚至通过 BIM 模型可以生成维修保养的培训动画，提高维护人员的技术能力。

8.3.5　应急管理

基于 BIM 技术的应急管理可有效减少盲区，如行洪区的应急管理包括预防、警报和处理，当洪水发生时，在 BIM 模型中可直观显示洪水发生的位置、显示相关建筑和设施的信息，并启动相应的应急预案，疏散受灾区域的人员，减少灾害的直接和间接损失。

对于建筑物内部的应急管理，传统的方式无法对监测区及检测设备进行定位，只能够对关键的出入口和通道进行排查。有了物联网技术后，虽然可以从某种程度上增强监测设备的识别效率，但是却缺乏直观的三维视角，难以保障在事故发生时第一时间根据定位和所得数据进行应急处理，无法确保应急工作的正常开展。基于 BIM 技术的应急管理结合资产管理可以从根本上提高紧急预案的管理能力和资产追踪的适时性与可视性，BIM 技术与物联网技术的结合可实现高效的应急管理。突发事件发生时可根据现场情况，快速定位到相应的位置；再通过 BIM 三维模型直观查看物体和整体位置情况，并根据物联网采集的实时信息快速获取相关数据，制定应急处理方案，部署人员，在第一时间做出反应，为应急处理和安保工作提供了巨大的便捷。

日常管理中，综合应用 BIM 运维模型进行各类灾害分析，通过虚拟现实技术实现各种可预见灾害的模拟和应急处置，真正实现资产的安全保障管理。

案例篇

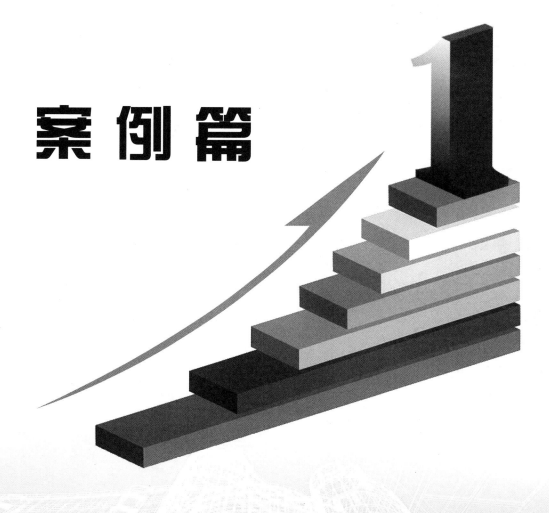

第9章

南水北调中线渡槽工程 BIM 技术应用

【单位简介】

　　河北省水利水电第二勘测设计研究院（以下简称河北水利二院）成立于 1977 年，隶属河北省水利厅，系国家甲级勘测设计单位，持有国家颁发的工程咨询、工程设计、工程勘察、工程测绘、建设项目水资源论证、水资源调查评价、水土保持方案编制和招标代理等甲级资质证书。

【BIM 开展情况】

　　2014 年，河北水利二院成立数字工程中心，专门从事 BIM 技术研究及应用，先后完成了水库枢纽、泵站、水闸、渡槽、水厂等多项工程的 BIM 设计以及多项 BIM 咨询业务，积累了丰富的设计应用经验。同时，对数字化移交技术及工程全生命周期管理系统进行了深入研究。

9.1　案例概述

9.1.1　渡槽 BIM 技术应用背景

　　在远距离、跨区域调水工程中，渡槽是一种十分常见的重要节点建筑物。其建设规模普遍较大，设计及施工难度也较高，非常有必要利用 BIM 技术来提升设计效率和保障施工质量。

9.1.2　工程概况

　　南水北调中线工程是我国一项重要的战略性调水工程，可有效缓解华北地区水资源危机，改善受水区生态环境，推动社会经济发展。该案例中的渡槽是南水北调中线一期工程总干渠上的一座大型河渠交叉建筑物，担负着总干渠河北省南段跨河输水任务，同时还兼有调节总干渠水位和退水任务。渡槽全长 930m，其中连接渠道长 101m，渡槽段长 829m，共 16 跨，单跨 40m，为目前全国单跨最大的输水渡槽建筑物，单跨承重达 5600t。

渡槽由进出口连接段、槽身、进口节制闸、出口检修闸、退水排冰闸和降压站等部分组成。槽身为三槽一联带拉杆预应力钢筋混凝土矩形槽,单槽净跨 7m,槽净高 6.8m,设计流量为 230m³/s,加大流量为 250m³/s。

该项目规模巨大,地质条件复杂,涉及专业多。BIM 技术的成功应用,不仅解决了专业间协同设计的难题,还提高了设计效率。BIM 技术创建的模型还可作为基础模型参与到槽身的三向预应力模拟计算中,优化了结构布置方案。

9.2 渡槽 BIM 技术应用依据

经过多年摸索前行,河北水利二院目前已形成了以 Bentley 三维协同设计平台为基础的标准化 BIM 设计体系,见表 9.2-1。

表 9.2-1　　部分 BIM 协同设计标准体系文件

序　号	标　准　名　称	备　注
1	三维协同设计软件操作手册(7 册)	已发布
2	三维协同标准化设计手册	已发布
3	三维动画标准化设计手册	已发布
4	BIM 模型库管理手册	制定中
5	三维协同管理手册	已发布

9.3 项目 BIM 应用策划

9.3.1 BIM 应用目标

(1)提升设计效率。项目组各专业设计人员遵照统一的流程、标准和数据接口开展协同设计工作,减少了专业互提等环节的迟滞。同时,标准化元件库的大规模使用,使得建模过程犹如拼装积木一样简单可行。后期设计方案发生变化时,通过对局部参数的调整,即可快速完成模型、相关图纸等的修改。设计过程中,项目管理员通过 ProjectWise 协同设计平台,可实时查看各专业建模进度,把握项目整体进度。

(2)提升设计质量。各专业的模型总装完毕后,通过碰撞检查,能够在设计产品交付前就发现各类"错、漏、碰、缺"问题,避免将问题积累到施工环节,引发设计变更或出现不可弥补的质量问题。通过三维模型,施工方和业主也能够更好地理解设计意图。

(3)提升模型价值。完成的模型文件可以在方案汇报、施工交底、运维管理、虚拟展示、元件库建设和标准制定等多个环节重复利用,模型价值得到最大限度挖掘。

9.3.2 BIM 总体思路及解决方案

渡槽工程规模大、专业多、结构复杂,在开展 BIM 设计工作时,确立了以 Bentley 三维协同设计平台为主,自主开发的参数化设计模块为辅的解决方案。采用的软件平台具体如下:

（1）协同管理平台：ProjectWise。

（2）场地布置系统：Geopak。

（3）地质设计系统：AglosGeo。

（4）结构设计系统：MicroStation。

（5）建筑设计系统：AECOsim Building Designer。

（6）水机金结设计系统：OpenPlant。

（7）电气专业设计系统：Substation。

（8）后期整合系统：Navigator。

7 个子系统以协同管理平台为核心开展 BIM 设计工作。设计完成后，将轻量化模型及其属性信息放入基于 WebGL 技术开发的工程全生命周期数字化管理平台中，完成数字化交付，也可放入 Unreal Engine 虚拟现实平台中进行展示。

BIM 总体思路及解决方案如图 9.3－1 所示。

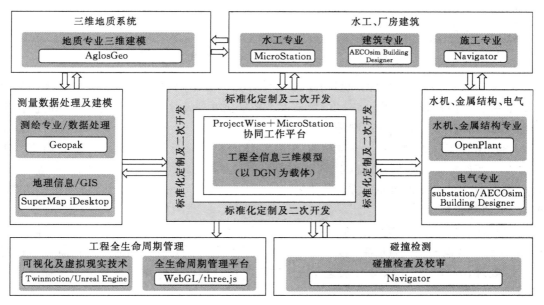

图 9.3－1　BIM 总体思路及解决方案

9.4　项目 BIM 应用实施

9.4.1　项目策划

（1）协同设计平台搭建。ProjectWise 协同平台搭建示意图如图 9.4－1 所示。

1）项目负责人在 ProjectWise 协同设计平台中建立项目工作空间。

2）划分各专业及各区域的目录树结构。

3）按照项目类型设定工作环境，放入设计工作所需的各类基础文件资料，确保资料的唯一性和安全性。

4）为设计人员分配使用权限。

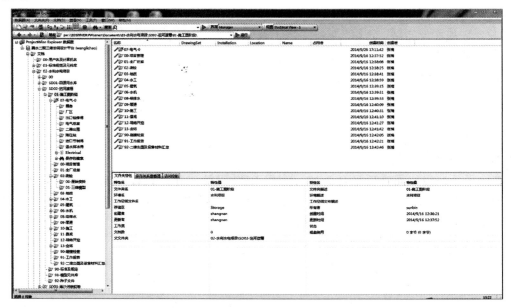

图 9.4-1　ProjectWise 协同平台搭建示意图

（2）BIM 控制计划。根据项目类型及设计特点，编制项目工作计划表。对各专业建模、总装、碰撞检查、三维会审、信息录入、轻量化处理及数字化交付等环节的时间作出明确规定，并严格按照计划控制进度。

（3）BIM 工作大纲。项目负责人在 BIM 工作大纲中应明确工作目标、工作内容、实施方案、实施标准（坐标及高程系统、建模标准、协同流程、模型精度和元件库等）、设计成果类型、交付方式和评审方式等内容。

9.4.2　资料收集

（1）地理信息。地理信息资料收集包括工程范围内的 DOM（数字正射影像图）、DEM（数字高程模型）、DLG（数字线划图）等测绘资料。对收集到的地理信息资料进行筛选、处理，利用 Geopak 软件快速完成工程区三维地形模型制作，为后续工作提供设计基础。

（2）地质资料。按照坐标和高程确定各钻孔的空间位置，将地质资料进行数字化处理，放入平台。按照时间、空间、要素 3 个维度进行逻辑关联，形成地质信息数据库。

9.4.3　BIM 设计

（1）地质三维建模。采用 AglosGeo 地质三维系统将二维地质资料转化为三维地质模型，通过 ProjectWise 平台与下游各专业进行协同。渡槽工程地基多为软基，在满足工程设计需求的基础上，应注意控制建模范围和模型精度。

（2）专业协同设计。首先按照区域划分，建立场区控制点和轴网；之后设计人员依照统一的建模精度开展各建筑物的建模工作；建模完成并自检合格后，进行模型分级总装。总装顺序分为"先专业、后场区"和"先场区、后专业"两种，项目组可根据项目类别和工作习惯进行选择。

项目组将协同设计过程中创造的模型文件进行分类整理，逐步建立起企业级的标准元件库，并对协同流程中产生的各类问题进行汇总，不断完善协同管理流程。多专业协同设计示意图如图 9.4-2 所示。

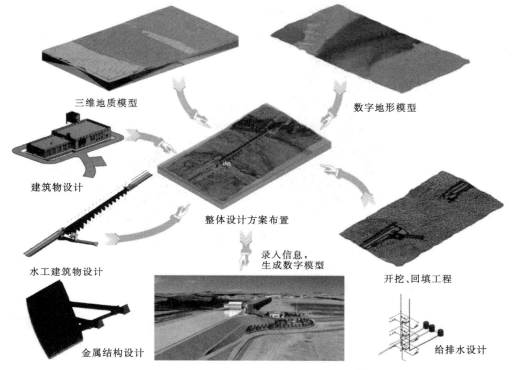

三维地质模型

数字地形模型

建筑物设计

整体设计方案布置

水工建筑物设计

录入信息，生成数字模型

开挖、回填工程

金属结构设计

给排水设计

图 9.4-2　多专业协同设计示意图

（3）碰撞检查。模型总装完毕后，利用 Navigator 软件进行碰撞检查。碰撞检查结果自动导出，形成检查报告并作为会审依据。模型碰撞检查示意图如图 9.4-3 所示。

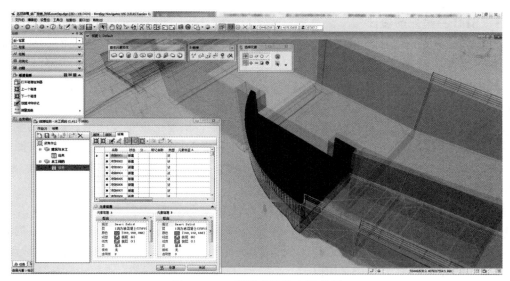

图 9.4-3　模型碰撞检查示意图

（4）三维场地开挖。结合工程布置情况，利用 Geopak 软件进行三维场地开挖，生成对应的开挖图并统计各地层的开挖回填量。三维场地开挖示意图如图 9.4-4 所示。

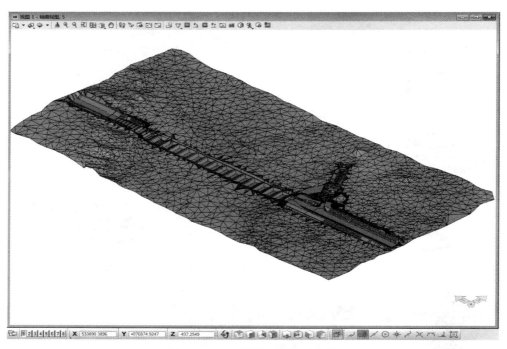

图 9.4-4　三维场地开挖示意图

9.4.4　BIM 三维有限元计算

将 BIM 模型进行结构简化处理，按照特定格式导入有限元计算软件中。通过网格剖分、施加荷载及约束，分析各工况下的应力、应变和位移。槽身三维有限元计算如图 9.4-5 所示。

9.4.5　BIM 三维配筋设计

对于结构复杂、人工难以处理的建筑物构件，利用与软件厂商合作开发的三维配筋程序，在三维环境下进行各部位配筋。对于共通性较强的构件，可对程序进行二次开发，采用参数化配筋模式，进一步提升工作效率。闸室段三维配筋如图 9.4-6 所示。

9.4.6　详图设计

利用各专业三维设计软件，选取合适的剖切位置，快速生成主要图纸。已有的参数化模型，可将剖切断面固化在特定位置，直接利用出图模板快速出图。结构布置出图如图 9.4-7 所示。

9.4.7　数字化移交

在最终模型中录入信息，对模型进行轻量化处理，打包后线下移交，放入基于 WebGL 技术开发的数字化交付平台中。参建方可通过 PC 端、网页端和移动端，远程查看 BIM 模型及其关联的属性信息和工程资料，提升各方信息交互沟通的效率。移动端、PC 端交互图分别如图 9.4-8 和图 9.4-9 所示。

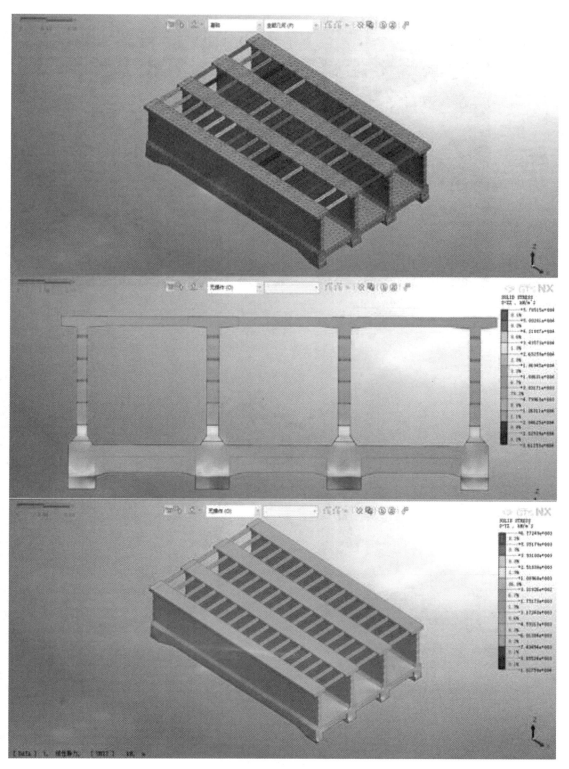

图 9.4-5　槽身三维有限元计算

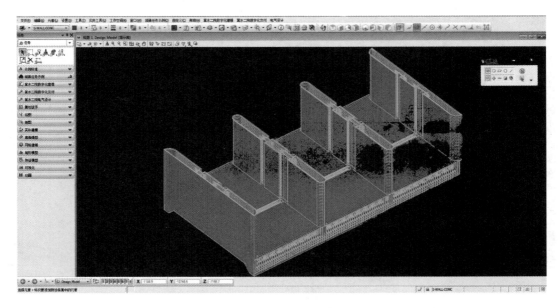

图 9.4-6　闸室段三维配筋

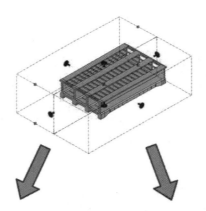

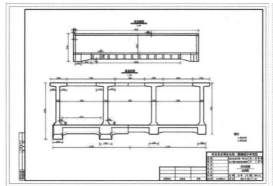
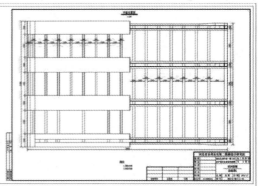

图 9.4-7　结构布置出图

图 9.4 - 8　移动端交互图

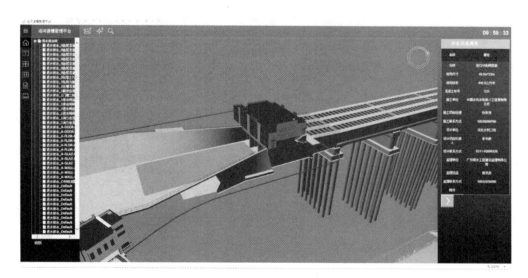

图 9.4 - 9　PC 端交互图

9.4.8　虚拟仿真

通过无人机倾斜摄影获取场地的实景三维模型，结合 BIM＋GIS 技术的集成应用，提前形成直观仿真的项目区场景和工程设计方案，方便业主理解设计意图。还可以利用 Unreal Engine 软件对工程模型进行渲染，制作立体仿真的虚拟现实场景，如图 9.4 - 10 所示。通过 VR 技术提供 360°沉浸感觉（见图 9.4 - 11），可帮助业主在项目策划阶段真实感受建成后的工程风貌，便于理解设计意图，优化设计方案。也可结合三维模型动态演示，进一步用于隐蔽、复杂部位的施工交底。

图 9.4-10　虚拟仿真

图 9.4-11　VR 虚拟技术

9.5　实施保障措施

9.5.1　规章制度

　　河北水利二院目前已经建立了较为完备的 BIM 实施规章制度，分为院级、项目级和专业级 3 个层级。生产流程体系逐步优化完善，有效保证了 BIM 组织管理的高效运行。

9.5.2　项目生产组织架构

　　渡槽工程 BIM 组织架构分为以下 3 个层级：

　　（1）BIM 项目管理层：采用双负责人制，由主专业和 BIM 专业的项目负责人共同担任。

（2）BIM 专业管理层：包括数字工程中心、地质、测量、水工、机电、金属结构等各专业 BIM 负责人。

（3）BIM 设计层：包括数字工程中心、地质、测量、水工、机电、金属结构等各专业设计人员。

9.5.3 人员职责

（1）BIM 项目管理层。

1）项目经理：主持项目总体策划、进度控制、人员调度等管理工作。

2）项目（副）设总：对各专业 BIM 设计成果进行审查，管控设计产品质量。

3）系统管理员：为项目划分专业存储空间，设定各级人员使用权限。

（2）BIM 专业负责人及设计人员。

1）勘测专业负责人及设计人员：收集测绘、地质资料，创建三维地形模型、三维地质模型并完成出图工作。

2）水工专业负责人及设计人员：完成水工专业模型的创建、整合、碰撞检查及出图工作。

3）建筑专业负责人及设计人员：完成建筑专业模型的创建、整合、碰撞检查及出图工作。

4）金属结构专业负责人及设计人员：完成金属结构专业模型的创建、整合、碰撞检查及出图工作。

5）电气专业负责人及设计人员：完成电气专业模型的创建、整合、碰撞检查及出图工作。

6）施工专业负责人及设计人员：完成施工场地布置及进度模拟。

9.5.4 技术培训

河北水利二院结合自身业务范围和工作特点，制定了较为稳健的 BIM 技术培训计划。近期内将培训工作主要集中在数字工程中心、测绘处及地质处等几个少数部门内部。通过多个项目的集中攻关，不断积累 BIM 应用经验和提升 BIM 应用水平。

远期计划将研究重点集中在参数化建模和标准化设计两个方面。结合设计工作需求进行针对性的二次开发，降低 BIM 技术门槛，帮助设计人员跳过烦琐的操作培训，直接将 BIM 技术应用到生产项目中，迅速形成生产力。

9.5.5 技术交流

（1）开展部门间三维设计、BIM 技术交流会，完善设计流程，规范设计体系。

（2）组织业主、设计、施工各方进行交流，引进技术和经验。

（3）与 BIM 联盟、BIM 学会和高校进行交流合作，促进 BIM 技术的发展。

9.6　BIM 应用成果

（1）实现了 BIM 技术在渡槽工程勘察、设计、校审、交付和展示等全环节的协同应用。

（2）基于 ProjectWise 平台建立了统一的工作环境、流程和标准控制体系。

9.7　BIM 应用总结

　　BIM 技术优势十分明显，但存在的问题也很突出。设计单位在推广 BIM 技术时，应当结合自身业务范围和工作特点，有针对性地制定稳健合理的推广计划，切忌拔苗助长。

　　BIM 元件库及标准库建设是一个浩大的系统工程，需要整个水利水电行业齐心协力，共同推动 BIM 技术向前发展。

BIM

第 10 章

引黄入冀补淀工程水闸 BIM 技术应用

【单位简介】

河北省水利水电第二勘测设计研究院（以下简称河北水利二院）成立于 1977 年，隶属河北省水利厅，系国家甲级勘测设计单位，持有国家颁发的工程咨询、工程设计、工程勘察、工程测绘、建设项目水资源论证、水资源调查评价、水土保持方案编制和招标代理等甲级资质证书。

【BIM 开展情况】

2014 年，河北水利二院成立数字工程中心，专门从事 BIM 技术研究及应用，先后完成了水库枢纽、泵站、水闸、渡槽、水厂等多项工程的 BIM 设计以及多项 BIM 咨询业务，积累了丰富的设计应用经验。同时，对数字化移交技术及工程全生命周期管理系统进行了深入研究。

10.1 案例概述

10.1.1 水闸 BIM 技术应用背景

水闸是一种低水头水工建筑物，具有挡水和泄水的双重作用，在水利工程中应用十分广泛。以河北省为例，登记在册的水闸总数达 3063 座，其中大型水闸仅 7 座，绝大多数为中小型水闸，而且依然在以每年 100 多座的规模快速增长。"麻雀虽小五脏齐全"，水闸同样如此，由于工程规模小、涉及专业多、标准化建设不足等原因，水闸工程设计烦琐、重复工作量大、产值低。

BIM 技术的出现拉开了第二次设计手段变革的序幕。BIM 技术在大型复杂项目中优势明显，但是对于业务范围主要是中小型工程的省市级设计院来说优势并不明显，如何利用 BIM 技术解决类似水闸设计中存在的现实问题，成为了摆在河北水利二院 BIM 技术人员面前的难题。为此河北水利二院开展了一系列 BIM 技术的研究与应用，力求突破传统设计手段，利用 BIM 技术实现提质增效。

10.1.2 工程概况

引黄入冀补淀工程是河北省委、省政府推进生态文明建设的重大战略决策，是改善河北省中东部农业和生态用水状况的重要基础设施，同时也是雄安新区生态水源保障项目。

引黄入冀补淀工程途经河南、河北两省 6 市 26 个县，最终入白洋淀。该工程为一等工程，输水渠道为 3 级建筑物，主要建筑物级别为 3 级。工程主输水线路总长 482km，其中河南省境内 84km、河北省境内 398km。整治引水闸、分水枢纽、沉沙池、节制闸、排水建筑物、桥梁和倒虹吸等各类建筑物 518 座，其中水闸类 110 余座。

河北水利二院对水闸建筑物进行了汇总分析，选取设计流量为 $30 \sim 60 \mathrm{m}^3/\mathrm{s}$，结构齐全且具有代表性的水闸 20 余座进行了 BIM 设计。

10.1.3 BIM 技术应用依据

该项目进行之前，河北水利二院针对基于 BIM 技术的水闸标准化设计开展了大量研究，以科研专项项目完成了一系列标准化设计研究工作，开发了一系列标准化设计模块，并通过河北水利二院技术委员会鉴定。同时依据枢纽、引调水渡槽、倒虹吸、水厂等工程的 BIM 设计经验，制定了标准化 BIM 设计体系。BIM 三维协同设计标准体系文件见表 10.1－1。

表 10.1－1　　　　　　　　　BIM 三维协同设计标准体系文件

序　号	标　准　名　称	备　注
1	三维协同设计软件操作手册	已发布
2	三维协同标准化设计手册	已发布
3	三维动画标准化设计手册	已发布
4	三维协同标准化模型库设计手册	制定中
5	三维设计体系管理规定	已发布
6	水闸配筋标准化计算手册	已发布
7	水闸参数化建模使用手册	已发布
8	平板钢闸门标准计算、建模手册	已发布

10.2　项目 BIM 应用策划

10.2.1 BIM 应用目标

（1）创新设计流程。通过应用三维协同设计平台，实现多专业协同设计，改变传统流水线式生产方式，实现多专业并行设计，缩短工程设计周期，保证项目提前建设和提前投产运行。

（2）提高设计效率。利用标准化设计概念实现设计计算标准化、规范化，同时将标准化计算与参数化建模有机结合，通过修改参数，即可快速创建项目各专业的 BIM 模型及二维、三维图纸，实现整体设计效率提升 2 倍以上。

（3）提升设计质量。通过应用 BIM 三维可视化设计，进一步提高工程布置合理性。同时，利用碰撞检测实现"错、漏、碰、缺"的三维可视化检查，项目整体设计质量明显提高，设计错误率减少 80％以上，设计变更数量减少 50％以上。

（4）完善标准化、参数化 BIM 设计体系。不断丰富完善标准化、参数化设计体系，实现 80％以上计算全部基于标准化计算模块进行。同时不断丰富参数化建模工具，使其能够适用于 80％以上的中小型水闸建模。此外，实现标准化与参数化无缝衔接，数据共享，最终形成"布置-计算-建模-出图-算量"全环节一体化 BIM 设计体系。

10.2.2 BIM 总体思路及解决方案

采用 Bentley 的软件平台，建立以 Geopak 软件为主的三维地理信息系统以 MicroStation 软件为主的结构设计系统、以 AECOsim Building Designer 软件为主的建筑设计系统、以 OpenPlant 软件为主的水机金结设计系统、以 Substation 软件为主的电气专业设计系统，5 个子系统以 ProjectWise 平台为协同管理核心，开展水闸工程设计工作。以 Navigator 软件为后期整合软件，进行碰撞检查和校审工作。在施工建造和运维阶段，采用 Unrel Engine 软件设计及二次开发为项目提供虚拟仿真。对于大多数小型水利工程无须进行全生命周期管理设计，以该工程作为典型设计进行技术应用研究，证明其可行性。

10.3 项目 BIM 应用实施

10.3.1 项目策划

（1）BIM 工作大纲。编制项目 BIM 设计技术应用工作大纲，包括项目实施的主要内容、主要成果、实施目标、实施标准（单位和坐标、模型划分与命名、图层划分等）、各组织角色及人员配备、实施流程和成果交付等内容。同时根据水闸工程的具体情况，结合项目本身的特点，制定水闸设计 BIM 控制计划。对各主要设计专业的 BIM 模型初步创建、项目模型总装、碰撞检查、三维校审、模型确定、标准化设计开发、参数化模型开发等工作的完成时间作出具体的规定。

（2）建立标准化、参数化 BIM 设计体系。以水闸为代表的中小型水利工程与大型复杂工程在 BIM 应用宽度和深度上有所不同。大型复杂工程工程量大、结构复杂、涉及专业多，三维协同、数字化交付及后期运维尤为关键。而中小型水利工程结构相对简单、可复制性高，标准化、参数化 BIM 设计体系至关重要。

将标准化、参数化 BIM 设计资源整合在 ProjectWise 三维协同设计平台中，使各专业设计在平台上实时交互，还可以将所需的设计参数、相关信息以数据库的形式存放在平台上，可直接或通过标准化设计系统从平台获得，保证数据的唯一性和及时性，有效避免重复的专业间提资，减少专业间信息传递误差。

10.3.2 多专业三维协同设计

在 ProjectWise 平台中构建高效的协同设计环境，建立水工、勘测、金属结构、电

气、建筑等专业工作空间，同时根据团队成员职责分配不同权限，不同专业之间通过参考实现实时交互。对于共性资源如知识库、标准库、计算资源库等内容单独设置工作空间，保证整个项目的设计者能够在统一的工作对象和环境中工作，从而形成一个集中、统一、可管理的高效协同环境。

基于 ProjectWise 平台的协同如图 10.3-1 所示。

图 10.3-1　基于 ProjectWise 平台的协同

10.3.3　标准化设计

标准化设计工作利用河北水利二院自主研发的"水闸智能设计系统"完成，该系统是在代表性工程的设计报告、图册、计算书等成果资料的基础上，充分结合现有的设计规范标准而开发的。该体系是一套标准的水闸设计解决方案，由标准化设计流程、优选算法、结构库、计算库和工程数据库 5 个部分组成。

该工程通过"水闸智能设计系统"对设计数据进行统一管理，对设计流程进行统一控制，在设计过程中充分发挥数据信息的价值。在设计过程中，将数据流应用于水闸协同设计过程，实现了各类设计参数的分类、存储和传递应用。开发的水闸计算模块集成系统能够自动采集工程数据库的信息，进行水力计算、稳定计算、结构计算和渗流计算等分析计算，并自动生成标准格式计算书（计算书格式根据贯标要求量身定制），实现了智能化分析设计。同时，基于工程数据信息，采用遗传算法进行水闸闸室及上、下游铺盖、护坦、挡土墙的优化布置。水闸智能设计系统如图 10.3-2 所示，智能分析计算如图 10.3-3 所示。

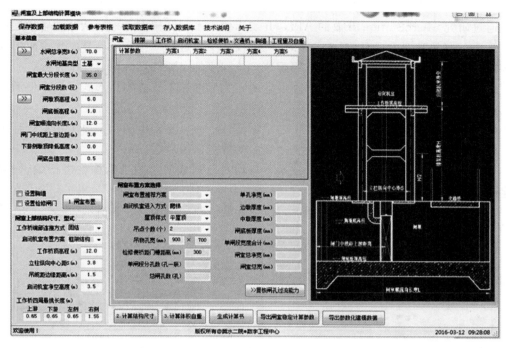

图 10.3-2　水闸智能设计系统

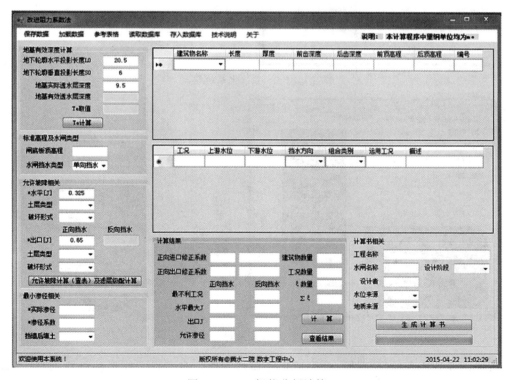

图 10.3-3　智能分析计算

10.3.4 参数化建模和精确算量

通过研究 MicroStation 开放的 API，开发出生成水闸结构中各种复杂结构体形建模的具体算法。在此基础上，对 MicroStation 三维设计平台进行二次开发，开发出水闸的参数化建模、自动统计和输出工程量的应用程序。该程序的主要特点有以下几个方面：

（1）该软件归纳总结并集成了水闸设计的相关标准和丰富的构件形式，以方便的交互方式供用户选择使用。

（2）可实现水闸工程智能三维建模、添加设计信息、自动出图和主要工程量统计等功能。实现了圆弧挡土墙、扭坡等空间复杂结构的智能建模算法。

（3）开发出三维实体的智能编辑技术，自动对已建成的水闸结构构件进行编辑修改，快速产生深化设计模型。

参数化系统建模如图 10.3 - 4 所示，模型智能修改如图 10.3 - 5 所示。

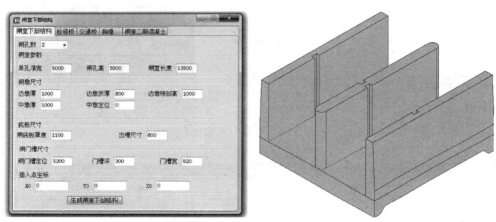

图 10.3 - 4　参数化系统建模

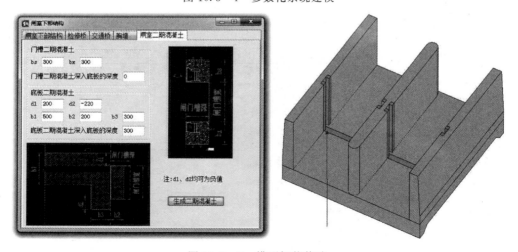

图 10.3 - 5　模型智能修改

为保证设计流程的完整性，在参数化建模过程中，自动设置模型的材料类型、图层、线宽等信息，用于后续工程量统计和出图。在统计工程量时，程序逐一扫描并提取三维模型中所有体块元素的体积属性信息，进行工程量计算并输出。由于工程量计算直接统计构件模型的体积信息，因此基于高精度模型的工程量计算结果也十分精确。工程量清单按部位集中统计和排序，并对各部位按材料汇总结果。清单中输出了各体块的 ID 号，以方便复核结果。工程量输出结果的文件格式为.xls。

10.3.5 基于三维模型进行配筋设计

通过对 MicroStation 进行二次开发，完成了基于三维模型的配筋程序。该工程水工结构构件的配筋设计完全基于三维模型进行全三维配筋。该程序可直接利用结构模型进行配筋，无需转换，保持了模型格式的统一性。同时，该程序还可以实现面配筋、体配筋和联合配筋等，支持材料表自动统计及导出功能，可实现一键出表。

三维钢筋模型如图 10.3-6 所示，输出钢筋图如图 10.3-7 所示。

10.3.6 应用 **BIM** 模型碰撞检查

模型碰撞 BIM 技术优于传统设计出图方式，在检查图纸错误和查漏补缺等问题上具有很重要的作用，模型碰撞检查充分体现了 BIM 设计的优势。该工程以碰撞检查为基础，结合三维模型进行设计校审，通过碰撞检查发现管线碰撞 8 处、建筑物碰撞 5 处，有效提升了设计成果质量。模型总装碰撞检查如图 10.3-8 所示。

10.3.7 应用 **BIM** 模型出图

利用制作好的出图模板，完全通过 BIM 模型快速剖切出图，可更加准确、快速地输出平、立剖面多种二维图纸。对于中等规模的水闸工程，结构图的出图工作仅需 5min 时间，而采用传统手工设计方式需要 5h 以上，效率大大提高。

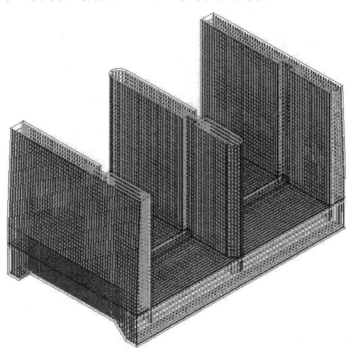

图 10.3-6 三维钢筋模型

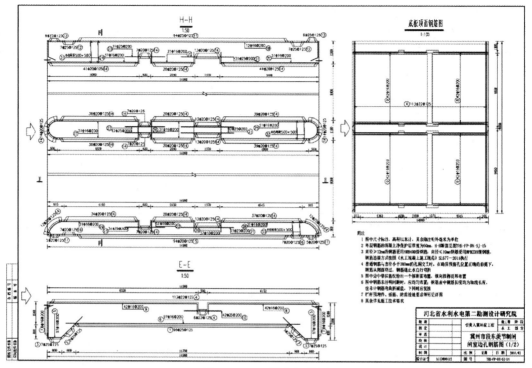

图 10.3-7　输出钢筋图

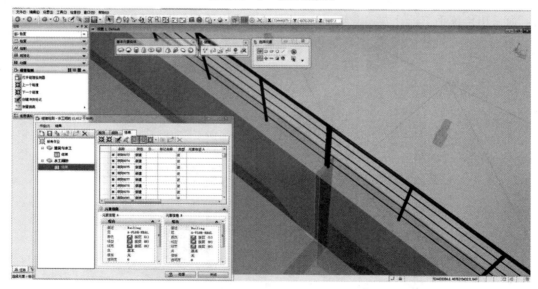

图 10.3-8　模型总装碰撞检查

　　在出图过程中充分利用三维信息模型的优势，对于闸室、圆弧挡土墙等复杂的构件，适当地输出三维轴测图，辅助用户对于二维图纸的理解。通过三维轴测图改进了图纸表达的手段，有效地降低了与甲方、施工单位等其他参与方的沟通成本。结构布置出图如图 10.3-9 所示，挡土墙出图如图 10.3-10 所示，闸室出图如图 10.3-11 所示。

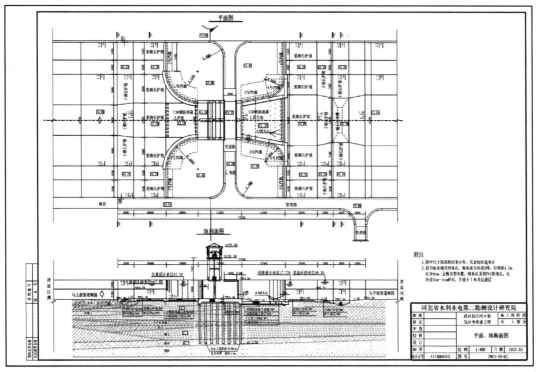

图 10.3-9　结构布置出图

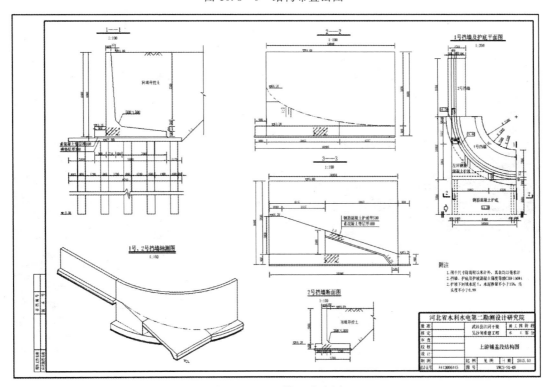

图 10.3-10　挡土墙出图

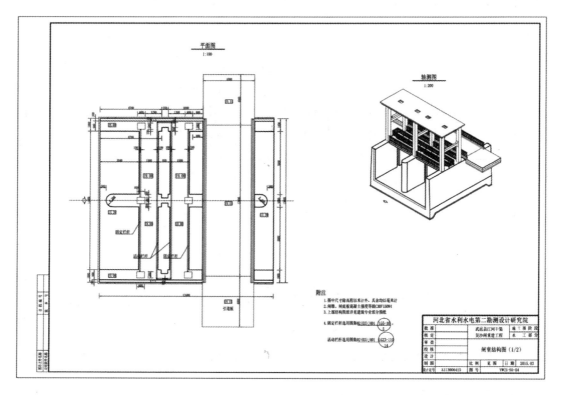

图 10.3-11　闸室出图

图 10.3-12　渲染模型

10.3.8 应用 BIM 虚拟仿真

虚拟现实是通过综合利用计算机图形系统和各种现实及控制等接口设备，在计算机上生成的、可交互的三维环境中提供沉浸感觉的技术，可使业主在项目建成前期体验到项目建成后的工程风貌。

该工程通过将 BIM 模型导入 UE4 后调用相关信息进行对接，从 Epic Games 的虚幻商城调取其他材质、配景、植物等资源，对模型进行优化处理，对配景进行添加，使用 Blueprints（蓝图）进行基本部件的控制，实现闸门开启、水位控制、门窗开关、灯光开关等基本控制，添加相关工程建设信息及图纸，设置开源交互系统的开发，打包发布到相应平台生成数字化移交产品。渲染模型如图 10.3 - 12 所示，虚拟技术运维应用如图 10.3 - 13 所示。

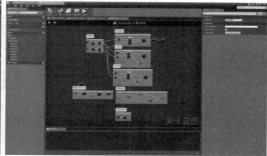

图 10.3 - 13　虚拟技术运维应用

10.4　实施保障措施

10.4.1 规章制度

河北水利二院发展规划明确提出要推进数字信息化建设，并建立了 BIM 应用规章制度，保证了组织管理机构的高效运行。同时，制定了《BIM 技术人员项目经理认定管理办法》和《BIM 工程项目级别认定管理办法》，使生产流程体系更加完善可靠，为 BIM 设计规范化以及 BIM 设计在全院各项目的全面推广起到重要作用。根据省级设计院的特点，河北水利二院现有规章制度文件为企业级层次，具体如图 10.4 - 1 所示。

10.4.2 项目生产组织架构

河北水利二院成立了数字工程中心，培养专职 BIM 技术人员从事 BIM 技术应用与研究，保证了人力资源配置。同时在生产组织架构中增设了 BIM 项目设计组织架构，增设了 BIM 管理员、BIM 项目经理、BIM 专业负责人、BIM 设计工程师等岗位。

该工程 BIM 组织架构分为 3 个层级：BIM 项目管理人员、BIM 专业管理人员和 BIM 工程设计人员。

BIM 项目管理人员包括项目经理、项目（副）设总。

BIM 专业管理人员包括数字专业负责人、勘测 BIM 负责人、水工 BIM 负责人、建筑 BIM 负责人、金属结构 BIM 负责人和电气 BIM 负责人。

图 10.4 - 1 　现有规章制度文件

10.4.3　人员职责

（1）BIM 项目管理人员。

1）项目经理：编写项目 BIM 设计控制计划、工作大纲及项目 BIM 实施总体策划文件，控制项目进度，协调各专业 BIM 模型的碰撞，完成整体模型确定等管理工作；为项目 BIM 协同设计平台划分各专业存储空间，并为各级人员设定控制权限；为项目 BIM 协同设计提供系统技术支持。

2）项目（副）设总：对各专业 BIM 设计成果进行审查，辅助项目经理决策等。

（2）BIM 专业管理人员。

1）数字专业负责人：组织 BIM 技术工程师为项目 BIM 技术应用提供技术支持。根据项目经理设计需求制定标准化和参数化模块开发计划并组织开发。

2）勘测 BIM 负责人：组织测量、地质专业 BIM 人员完成勘测模型的创建及上传，为下序专业提供基础设计资料。

3）水工 BIM 负责人：组织完成水工各专业子模型的碰撞检查与模型整合。根据数字专业负责人标准化和参数化模块开发计划，编写相应模块标准化和参数化设计报告。

4）建筑 BIM 负责人：组织完成建筑各专业子模型的碰撞检查与模型整合。根据数字专业负责人标准化和参数化模块开发计划，编写相应模块标准化和参数化设计报告。

5）金属结构 BIM 负责人：组织完成金属结构专业子模型的碰撞检查与模型整合。根据数字专业负责人标准化和参数化模块开发计划，编写相应模块标准化和参数化设计报告。

6）电气 BIM 负责人：组织完成电气专业子模型的碰撞检查与模型整合。根据数字专业负责人标准化和参数化模块开发计划，编写相应模块标准化和参数化设计报告。

（3）BIM 工程设计人员。

1）数字工程中心 BIM 工程师：为项目整体 BIM 设计提供技术支持，并负责项目运维平台的开发维护及模型信息的导入工作；负责标准化和参数化模块的具体开发工作。

2）勘测 BIM 工程师：收集地形、地质资料，完成地形 BIM 模型的创建及碰撞检查等工作，并上传至 ProjectWise 协同设计服务器；完成本专业的综合出图工作。

3）水工 BIM 工程师：完成水闸 BIM 模型的创建及碰撞检查等工作，并上传至 ProjectWise 协同设计服务器；完成本专业的综合出图工作。

4）建筑 BIM 工程师：完成启闭机室等建筑物 BIM 模型的创建及碰撞检查等工作，并上传至 ProjectWise 协同设计服务器；完成本专业的综合出图工作。

5）金属结构 BIM 工程师：完成闸门等 BIM 模型的创建及碰撞检查等工作，并上传至 ProjectWise 协同设计服务器；完成本专业的综合出图工作。

6）电气 BIM 工程师：完成电气设备等 BIM 模型的创建及碰撞检查等工作，并上传至 ProjectWise 协同设计服务器；完成本专业的综合出图工作。

10.4.4 技术培训

BIM 三维协同设计存在较大的应用局限性，越是大型复杂的枢纽类项目，越能体现其效率优势，而在中小型水利项目上则不明显，有时甚至会让人觉得效率不如传统设计模式高。由于省市级设计院的主营业务多为中小型水利项目，因此三维协同设计体系是否适合在省市级设计院推广普及，业内一直存在较大争议。"一鼓作气，再而衰，三而竭"，在没有找准正确的前进方向之前，盲目进行推广普及，不但难以发挥新设计体系的效率优势，反而会影响设计者的使用热情，致使后期出现难以预料的困难。

为此河北水利二院制定了稳健的发展规划，将中小型水利项目的 BIM 技术培训主要集中在参数化建模和标准化设计两个方面。结合设计工作需求，通过二次开发，着力降低 BIM 技术门槛，帮助设计人员跳过烦琐的操作培训，直接应用到生产项目中，迅速形成生产力。

通过引黄入冀补淀工程等多个项目的对比验证，证实 BIM 技术在以水闸为代表的中小型水利工程中具备良好的适用性，其质量和效率优势十分明显。

10.4.5 技术交流

（1）开展企业内部技术交流，与管理部门、协作部门多方沟通，听取各方对 BIM 技术的意见，同时根据 BIM 技术特点向管理部门反馈管理要求，不断完善企业管理规章制度。

（2）加强部门内部技术交流，项目实施期间实行例会制，定期组织部门人员进行技术交流、问题反馈、难点研究、方案讨论等，确保团队整体水平的提升。

（3）走出去与软件厂商、业主、设计、施工各方进行交流，引进技术和经验。通过与软件厂商深度交流，更加深刻地了解了平台结构体系，利用厂商优势资源指导技术开发，避免走弯路。此外，与业主深入沟通，倾听业主需求心声，努力朝着需求进行技术改革。

10.5 BIM 应用成果

（1）基于 ProjectWise 平台的协同，实现了布置、计算、建模、出图、工程量计算等项目全部工作移至服务器端；实现了项目文件和模型等数据的统一管理，实时安全共享和访问；实现了传统流水式设计向多专业协同设计的转变。

（2）通过水闸标准化设计，实现了水闸设计的标准化，解决了方案设计阶段繁杂和效率低的问题，经过初步测算，计算效率提升 5 倍。同时形成了一套标准化设计体系，为其他水利工程的标准化设计打下了坚实的基础，并在此基础上进一步完善了"基于遗传算法的平原区水闸三维协同标准化设计体系关键技术研究"科研项目。水闸数字化设计系统如图 10.5-1 所示。

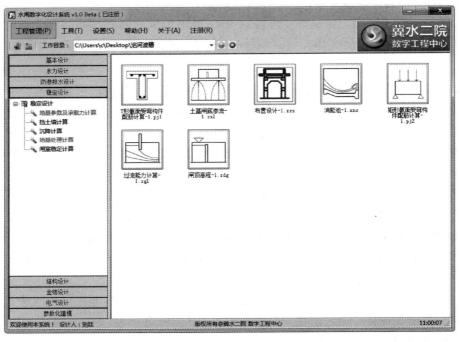

图 10.5-1　水闸数字化设计系统

（3）通过参数化建模系统可快速生成水闸三维模型，建模速度提升 10 倍，如图 10.5-2 所示。

（4）利用水闸三维出图模板进行出图工作，图纸可自动剖切完成，并且模型与图纸保持联动，避免了修改内容在某些图纸中被遗漏的情况，有力地保证了设计质量，设计差错率降低 90% 以上。

（5）利用三维工程量计算系统可对工程量进行精确计算，尤其在三维开挖 Geopak 软件中土石方开挖量计算较传统二维计算方法精度显著提高，经初步测算，较传统计算方法误差减小约 3%。

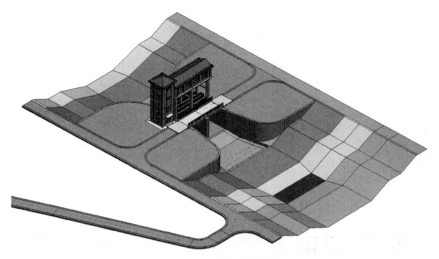

图 10.5-2　吴沙闸三维模型

10.6　BIM 应用总结

　　针对当前 BIM 技术在中小型项目中优势不明显的现状，河北水利二院应用标准化和参数化的理念进行设计，探索出了一条可行的技术路线，可以实现提高设计效率和质量，极大地解放了生产力。该技术具有可复制性和可推广性。但是该技术的建设周期较长，需要结合生产不断丰富参数化库及标准化计算模块，是一个漫长的积累过程。同时，由于标准化计算的开发需要进行大量测试及认定，需要企业针对标准化建设制定相应管理文件。此外，由于该方法对 BIM 技术人员开发能力要求较高，需要跨专业复合型人才，人才培养相对较难。

　　虽然 BIM 技术在中小型工程的应用依然存在很多问题，但是相信在水利水电 BIM 设计联盟的领导下，在各成员单位的共同努力下，始终坚持共建、共享、共赢的原则，BIM 参数化、标准化库必将会迅速完善起来。

第11章

长山河排水泵站 BIM 技术应用

【单位简介】

浙江省水利水电勘测设计院（以下简称"浙江省院"）创建于1956年，是一家集咨询、勘测、设计、科研、岩土工程施工、工程建设监理、工程总承包、项目代建、水库蓄水安全鉴定、施工图设计审查和投资等业务于一体的大型专业勘测设计单位。自20世纪80年代以来，获得各类科技进步、科技咨询、勘测设计等奖项200余项，其中国家级奖项近20项、省部级奖项100余项。

【BIM 开展情况】

2015年年初，浙江省院经过调研引进了 Autodesk 公司的 BIM 三维协同设计平台；2015—2016年，确定了4个试点项目，由各综合性项目主办部门确定项目成员，并培养各专业合格的三维设计人才；2017年4月，抽调三维设计骨干人员成立 BIM 技术研究中心。目前，BIM 协同设计的业绩以初步设计至施工详图设计阶段的业绩为主。

11.1 案例概述

11.1.1 基本情况

2007年5月底，由于太湖蓝藻暴发（见图11.1-1）等原因，无锡市出现供水危机，严重影响了当地居民正常生产和生活。浙江省太湖流域水系与太湖相连，水量交换密切，太湖流域水污染和蓝藻暴发对浙江省杭州、嘉兴、湖州3市都有不同程度的影响。浙江省实施太湖流域水环境综合治理水利工程确保太湖清水在杭嘉湖东部平原能"进得来、流得动、排得出"，以达到"以动治静，以清释污，以丰补枯，改善水质"的效果。

为了确保平原水体"流得动"和"排得出"，需要实施扩大杭嘉湖南排工程，以增加

图 11.1-1 2007 年太湖蓝藻暴发

平原水体向南排入钱塘江的能力。整个工程由长山河排水泵站、南台头排水泵站、三堡排水泵站、八堡排水泵站、长山河延伸拓浚工程、长水塘整治工程、洛塘河整治工程、盐官下河延伸拓浚工程和南台头闸前干河加固工程等组成。

长山河排水泵站位于浙江省嘉兴市澉浦镇长山闸右岸，杭州湾北岸。泵站和水闸组成长山河枢纽，作为长三角核心城市杭州、嘉兴、湖州涝水南排钱塘江的重要出口。泵站为大（2）型工程，设计排水流量为 150m³/s，安装 3 台斜 20°轴伸泵，单机容量为 3200kW，为国内罕见的大流量低扬程泵组。

工程主要建筑物均为 1 级建筑物，包括排水泵站、上游引河、拦污栅桥、排水挡沙闸和海堤。工程总投资为 3.88 亿元，总工期为 24 个月，已于 2017 年动工。长山河排水泵站效果图如图 11.1-2 所示。

11.1.2 BIM 应用背景

浙江省院于 2015 年正式启动 BIM 设计，由综合性项目主办部门选择试点项目，确定

图 11.1-2　长山河排水泵站效果图

计划和人员，明确目标，从项目初步设计阶段的三维协同设计开始，于 2016 年年底实现施工图三维出图。2017—2019 年将继续推进试点项目全阶段 BIM 设计，初步建立基于三维设计的数据库和基础模型库。

水利水电工程三维 BIM 协同设计整体解决方案如图 11.1-3 所示。

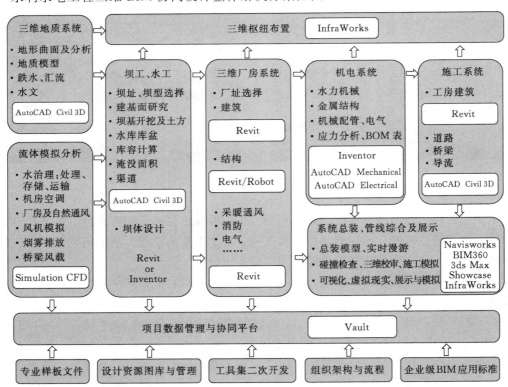

图 11.1-3　水利水电工程三维 BIM 协同设计整体解决方案

经过 2016 年几个试点项目的摸索，虽然积累了一些经验，初步形成了作业指导书，但尚未形成标准化的成果。在此基础上，根据 2017 年度计划，长山河排水泵站需要实现全专业出三维施工图。

11.1.3　勘测设计的技术难点

长山河排水泵站具有地质条件复杂、各种建筑物和机电设备布置紧凑的特点。泵站位于杭州湾沿岸，海域来沙丰富，出水口存在淤积风险。由于与长山闸除险加固工程同时进行施工，两个工程距离最近处仅 20m，给深基坑围护设计带来挑战。

（1）地基问题。长山河排水泵站位于杭嘉湖冲海积平原东南部，地势平坦，河网密布，泵站位置岩面高程一般为 $-33.00\sim-1.80$ m，靠近长山闸位置处基岩埋藏较浅，局部岩面位于泵站基坑底高程之上，可利用基岩作为天然地基。但岩面起伏较大，其余位置基岩埋藏较深，无理想的天然地基持力层，需进行地基处理。

地基土体为多元结构，开挖底板高程以下揭露的土层主要有Ⅲs1 层黏质粉土、Ⅲ1 层淤泥质粉质黏土夹粉土、Ⅴ1 层淤泥质粉质黏土与粉土互层、Ⅵ1 层淤泥质黏土、Ⅶ层粉质黏土、Ⅷ1 层粉质黏土夹粉土、ⅩⅢ层含砾砂碎块石、ⅩⅣ1 层花岗斑岩和ⅩⅣ2 层凝灰熔岩。由于各层土层分布不均且厚度变化大，可作为持力层的土体又大部分位于泵站底板高程以上，找不到可以作为天然地基的持力层，所以泵站地基处理采用钻孔灌注桩，桩端全断面嵌入弱风化基岩不小于 1 倍桩径。但岩层起伏变化较大，难以准确地确定桩长和地基处理的工程量。

（2）工程布置问题。由于长山河排水泵站紧靠长山闸，故建筑物布置十分紧凑。泵站引渠的线路选择受到征地和现有桥梁线位的影响，无法达到规范要求的转角和半径要求，需要进行专门的三维流场计算后论证引河布置对泵站进水池流态的影响。

（3）枢纽建筑物设计问题。长山河排水泵站作为大（2）型泵站，涉及水工、水力机械、电气、金属结构、建筑、给排水、暖通和监测等众多专业，主泵房内油、气、水系统管路众多；动力电路、控制电路、监测、照明等电缆错综复杂，泵站内水平和竖直方向通道较多，交通组织复杂；墙上的孔、龛、槽，楼板上的沟、洞、井等细节繁多，对应匹配的工作量大且容易出错，施工后期变更管理困难，返工处理代价巨大。

（4）施工组织设计问题。长山河排水泵站在基坑支护方面存在较大技术难点。该工程基坑最大开挖深度为 14.94m，基坑设计等级为Ⅰ级，并且由于泵站工程与长山闸除险加固工程同时进行施工，两个工程距离最近处仅 20m，给深基坑围护设计带来挑战。

11.2　项目 BIM 应用策划

11.2.1　BIM 应用目标

在设计过程中，采用以 Revit 为核心的系列软件进行全专业协同设计，以实现全专业施工图三维出图为目标，并兼顾后期运维要求，对模型预留接口，方便于数据查询和远程监控。

测量、地质、水工、机电、金属结构、建筑和施工专业的设计人员，通过协同平台分配职责和权限，解决设计中的信息沟通、知识共享等问题，保证数据源的唯一有效性，缩短设计周期，提高产品质量。

11.2.2　BIM 技术路线

对长山河排水泵站应用 BIM 技术进行设计，主要技术路线为：测绘专业采用无人机进行倾斜摄影获得精确的地形、地貌和地物信息，并导入 InfraWorks 360 软件中；地质专业采用 ItasCAD 软件，根据勘探孔的地质分层资料建立三维地质模型并导入 Revit 软件中，供下序专业使用；水工、电气和建筑专业以 Revit 软件为核心，辅以二次开发的软件完成枢纽建筑物的建模，将模型精简后导入大型商用有限元软件 Ansys 中进行混凝土温控防裂分析，导入 Flow3D 软件中进行前池流态分析，并进行设计优化；水机、金属结构专业利用 SolidWorks 和 Inventor 软件建立水泵、闸门、快速液压启闭机、清污机等模型，并导入 Revit 软件中进行组装；将模型导入 Navisworks 软件后进行碰撞检测，根据检测报告进行设计调整，防止"错、漏、碰、缺"；在 InfraWorks 360 软件中将现状环境和设计对象进行整合；在 Lumion 和 3DS Max 软件中进行渲染和后期视频制作。

11.3　BIM 应用实施

11.3.1　测量专业

测量专业采用无人机摄像技术获取地形的点云数据，导入 Civil 3D 软件中生成地形曲面，与倾斜摄影图像在 InfraWorks 360 软件内无缝整合。同时创建道路、房屋、水域等真实地物地貌，与设计模型融合打造三维工程实景，给工程建设单位以真实的用户体验。倾斜摄影成果如图 11.3-1 所示。

图 11.3-1　倾斜摄影成果

11.3.2　地质专业

地质专业借助 ItasCAD 软件，根据勘探孔地质分层资料构建了含有 14 个土层、4 个岩层风化带及 2 个透镜体的三维地质模型，避免了常规二维绘图易造成纵横剖面交点地层分界线高程不一致的问题，并可剖切二维出图。三维地质体成果如图 11.3-2 所示。

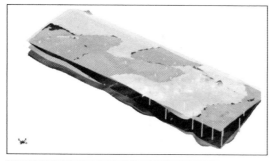
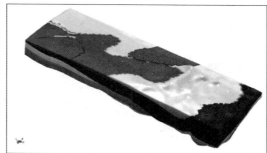

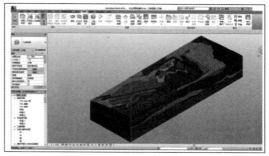

图 11.3 - 2　三维地质体成果

泵站建基面呈现半岩半土状，地质模型可以准确地反映可利用基岩面的起伏变化情况，解决了桩型布置、桩长计算和工程量统计的问题。

11.3.3　水工专业

水工专业通过 BIM 模型直观地表达设计意图，供业主和主管部门进行方案比选和决策，并且三维模型能够准确计算工程量，为业主进行的成本和进度管理提供增值服务。

主泵房底板长 48.9m，宽 29.0m，厚度为 2～5m，大体积混凝土施工中易出现贯穿性的温度裂缝；地下墙体中需要布置廊道、孔洞，楼板需要布置沟、槽、井，结构复杂。将泵房的结构模型通过三维校审后，导入有限元计算软件中进行分析，并进行三维配筋和温控防裂设计，解决了二维设计中按典型截面进行结构设计的不足，提高了技术经济的合理性。主泵房结构如图 11.3 - 3 所示，温度应力计算如图 11.3 - 4 所示，流道三维配筋成果如图 11.3 - 5 所示。

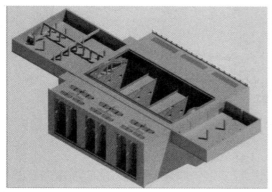
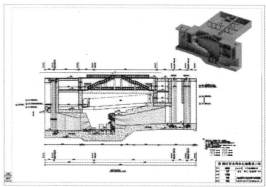

图 11.3 - 3　主泵房结构图

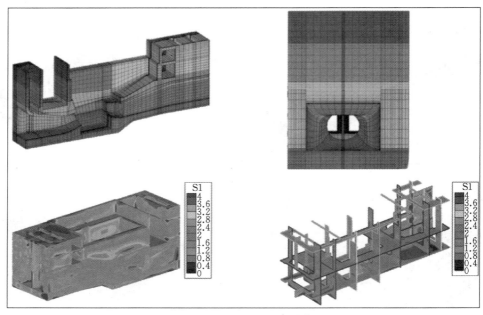

图 11.3 - 4　温度应力计算

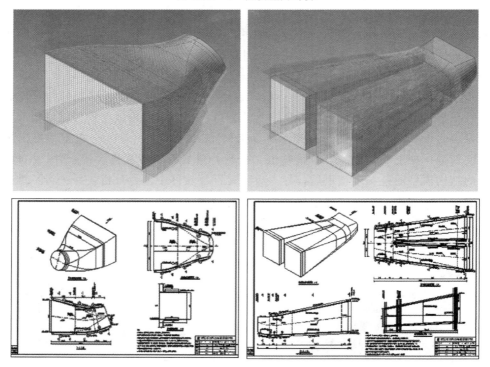

图 11.3 - 5　流道三维配筋成果

11.3.4　水力机械专业

　　水力机械专业主要涉及排涝泵组及其附属设备的三维建模和管路系统的创建。在设备模型创建上，复杂和曲面模型采用 Inventor 软件建模；简单模型采用 Revit 软件直接建模，并实现部分模型参数化；模型建成后导入 Revit 软件中进行模型定位和放置。对于油、气、水、风管辅助系统，可通过 Revit 软件中的 MEP 组件进行管路系统创建，利用 Revit 轴网、标高系统和水工建筑物参照进行设备定位。

水力机械设备三维模型真实直观，外部接口方位明确；三维管路系统布局空间感强，表达清晰美观。流道族和管路布置如图 11.3-6 所示。

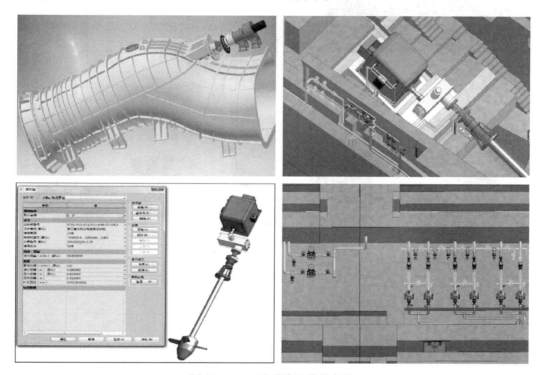

图 11.3-6　流道族和管路布置

11.3.5　电气专业

电气专业采用 Revit 软件进行三维建模，主要包括电气一次屏柜和电气二次屏柜等设备的建模。并实现部分模型参数化。通过三维协同设计平台实现了电气设备、接地、照明、消防桥架等的布置以及电缆的三维敷设和长度统计，并可导出电缆清册，便于后期交付及运维。电器族和桥架布置如图 11.3-7 所示。

11.3.6　金属结构专业

金属结构专业采用机械设计软件 SolidWorks 进行三维建模，主要包含闸门、启闭设备和清污设备等的建模，金属结构专业常见的 12 种平面闸门（定轮闸门和滑动闸门）已经实现三维参数化建模，可导入 Ansys 软件中进行有限元结构分析，并可将三维模型与计算书无缝对接并联动生成二维工程图。三维协同专业配合中，金属结构专业通过三维设计软件 Inventor 将模型转化为 Revit 族文件与水工三维模型进行配合。在后续 BIM 设计中，金属结构专业将同时提供精细模型及简化模型，以满足本专业及配合专业在不同项目阶段的三维设计深度需求，并基于已有成果逐步实现金属结构专业闸门、启闭设备、清污设备模型库的完善。闸门族和启闭机布置如图 11.3-8 所示。

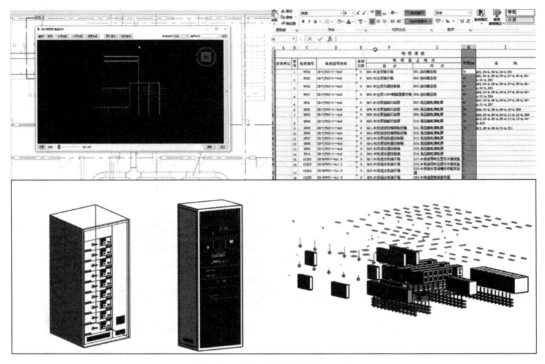

图 11.3-7　电器族和桥架布置

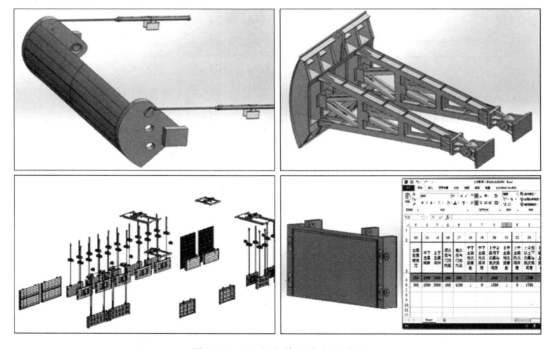

图 11.3-8　闸门族和启闭机布置

11.3.7　施工专业

施工专业根据三维地质模型对基坑的围护结构进行定位和建模，并导入 Midas 软件中进行稳定验算，解决了基于地质剖面进行二维设计，无法对围护结构进行整体分析的不足，提高了基坑的安全性。基坑稳定计算如图 11.3 - 9 所示。

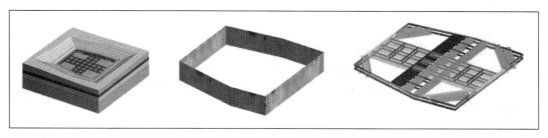

图 11.3 - 9　基坑稳定计算

基于三维模型对工程施工进行模拟，对设计中存在的难以在实际中实施的结构进行提前调整，并对施工组织设计流程进行优化。

11.4　实施保障措施

11.4.1　资源配置

浙江省院发布的《浙江省水利水电勘测设计院三维协同设计实施方案》明确了 BIM 应用的软硬件资源投入。

为避免出现二维、三维"两张皮"的情况，长山河排水泵站由一线设计生产人员学习 BIM 工具进行正向设计，让 BIM 技术真正与工程设计结合，解决实际问题。在项目开工会上明确 BIM 应用目标和人力资源投入。

11.4.2　组织架构与人员职责

浙江省院的 BIM 组织架构包括以下 3 层：

（1）院长挂帅的三维协同设计工作领导小组：负责全院 BIM 工作的总体策划、组织、协调工作。

（2）工程 BIM 技术研究中心：负责 BIM 应用技术路线制定和技术研发工作；负责三维协同设计标准化建设和企业级 BIM 标准体系建设工作；负责 BIM 应用技术内外部交流培训、应用推广和 BIM 应用的激励与考核等工作；负责 BIM 应用产品交付和运维工作；负责三维协同设计项目的技术协调和督导工作；参与或主办三维设计项目。

（3）BIM 设计项目组（分布在各生产部门）：包括水工专业、地质专业、建筑专业、施工专业、水机专业、电气专业、建筑专业等相关工程设计和校审人员。

11.4.3　技术培训与交流

为了促进 BIM 的推广应用，浙江省院有计划地组织应用软件系统培训，并通过技术竞赛等形式检验学习效果。针对长山河排水泵站工程中的某些专题，如异形流道的参数化建模、基于模型的施工模拟等，项目组成员进行不定期的讨论交流和技术攻关。

在多个项目实践的基础上，总结提炼有价值的应用点。对于设计过程中涌现出的技术

骨干，鼓励其作为讲师在全院进行公开授课，以点带面，形成普遍的效率提升和技术推广。

11.4.4 激励与考核

为保障 BIM 应用的各项工作有效推进，建立了"企业级 BIM 应用标准"体系。

（1）激励。

1）产值。

a. 项目产值：采用 BIM 设计的项目，根据三维建模精度、三维出图数量以及成果市场应用情况，以项目合同额为基础按一定比率确定产值划分。

b. 标准化建设：将技术规程、专业设计指导书、模型库等纳入浙江省院科标业管理，给予相应激励。

c. 软件二次开发：将在引进软件的基础上进行二次开发的成果纳入浙江省院科标业管理，给予相应激励。

2）荣誉。增设优秀工程三维设计奖的评选，设置一、二、三等奖。申报项目根据模型精度、三维出图率、标准化建设成果和市场应用等情况进行综合评比。

3）岗级、评优。将 BIM 设计能力作为优秀项目经理（项目专业负责人）、先进个人等评优活动中优先推荐的条件之一。生产部门应结合实际情况，将员工 BIM 设计能力作为岗位等级评定、晋级的考核维度之一。

（2）考核。以推进浙江省院三维设计水平为导向，多角度定性与定量考核相结合。浙江省院制定 BIM 设计项目的完成目标，包括掌握 BIM 设计人员的比率或人数、各专业标准化建设等。视完成情况进行年度 KPI 考核。

11.5　BIM 应用成果

设计过程中通过协同平台整合各专业模型，并采用 Navisworks 软件进行碰撞检测。对管线密集区域和影响空间净高的问题进行了识别，避免"错、漏、碰、缺"，减少施工中的变更。

除了在勘测、设计、施工中应用 BIM 技术外，还兼顾运维需要，真正做到模型的信息化，以模型为载体，存储几何信息和设备信息，并且在隐蔽工程构件或预埋管线中添加了位置、验收、测试、养护信息等，方便业主使用和维护。

11.5.1 布置方案优化

由于长山河排水泵站紧靠长山闸，故建筑物布置十分紧凑。泵站引渠的线路选择受到征地和现有桥梁线位的影响，无法达到规范要求的转角和半径要求。因此，将三维模型导入 Flow3D 软件中，进行三维流态计算，对方案进行优化，节约土地面积 29.1 亩。流场成果布置如图 11.5-1 所示。

11.5.2 准确高效

BIM 协同设计比二维设计更高效、更准确，主要体现在以下 3 个方面：

（1）通过不断积累和扩充的参数化模型库，不断提高设计效率，并将设计人员从画图的工作中解放出来，集中精力于设计之中。水机和电气专业族如图 11.5-2 所示。

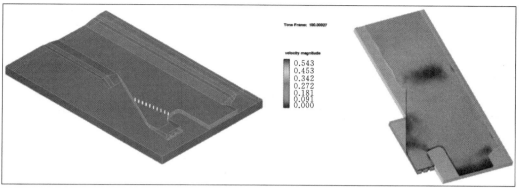

图 11.5-1　流场成果布置

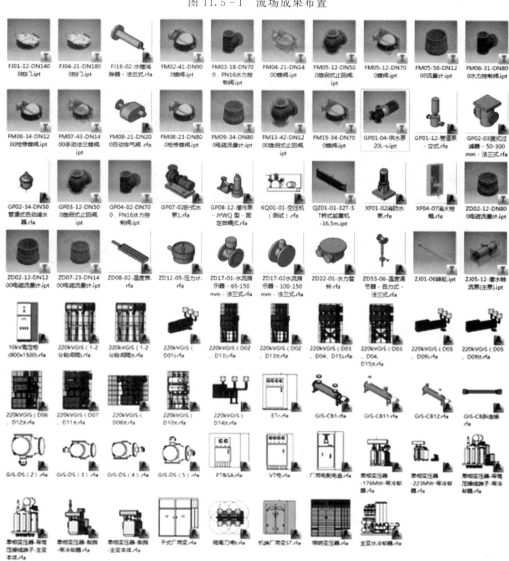

图 11.5-2　水机和电气专业族

（2）利用模型进行碰撞检查，减少设计中的"错、漏、碰、缺"；通过模型可以准确计算工程量，并绘制三维结构图和配筋图。

（3）利用三维模型进行施工图可视化交底，使施工、监理单位能够充分了解设计意图，减少设计代表的工作量。

（4）BIM 也是水利设计领域中高效的信息交互和传递手段，在技术交流时采用设计方案进行三维展示，设计理念更容易被客户理解和接受。长山河排水泵站三维场景展示如图 11.5-3 所示。

图 11.5-3　长山河排水泵站三维场景展示

11.6　BIM 应用总结

通过长山河排水泵站工程的 BIM 设计，浙江省院在外业工作、三维建模及分析计算等方面积累了 BIM 协同设计经验，并取得了一定的创新成果：

（1）利用无人机获取点云数据，形成地形后结合倾斜摄影图像生成三维工程实景，以支持项目管理和决策。

（2）地质专业借助 ItasCAD 软件建立复杂地质的三维实体和出图，提供可利用基岩面用于建筑基础设计。

（3）通过 Dynamo 可视化编程参数化处理流道截面数据并生成三维模型，此方法建模效率高，布尔运算准确，数据占有量只有导入方法的 $1/30 \sim 1/40$，解决了异形曲面的建模问题。

（4）模型可以直接导入相应的专业软件中进行流态、结构配筋计算和基坑围护设计，提高了设计产品的质量。

鄂北地区水资源配置工程 BIM 技术应用

【单位简介】

湖北省水利水电规划勘测设计院（以下简称"湖北水院"）成立于 1956 年，拥有 700 多名技术人员、360 余位技术专家，具有水利水电勘测设计甲级资质、水利部甲级监理资质、甲级招投标代理资质。

【BIM 开展情况】

2011 年，湖北水院采用 Autodesk 软件开展水工、机电、金属结构专业试点应用，编写了 Revit、Civil 3D 和 Navisworks 简明实施手册。2012 年至今，在鄂北地区水资源配置工程中使用了可视化辅助工程布置、渠道开挖、创建渠系建筑物模型库、工程算量、结构分析和 BIM＋GIS 等技术；并选定 Autodesk 三维系列软件组成 BIM 设计主平台，成立数字信息中心；编写了实施指南和项目建模标准。

12.1 案例概述

12.1.1 BIM 技术应用背景

鄂北地区是湖北省的"旱包子"区域，行政区划涉及襄州区、枣阳市、随县、曾都区、广水市和大悟县等 6 个县（市、区）。工程受水区为唐东地区、随州府澴河北区和大悟澴水区，受益面积为 1.02 万 km²。鄂北地区水资源配置工程（以下简称"鄂北工程"）是解决该地区水资源短缺问题，满足受水区人民生活、生产及生态用水需求，促进经济社会可持续发展的战略性基础工程。

鄂北工程是湖北省目前最大的跨区域引调水工程，目标是打造精品工程，要从管理上、技术上创新。因此，利用 BIM 技术、建立数字模型，通过设计手段创新、精心策划，不仅在线路设计、投资控制、成果展示方面提供支持，还会促进设计质量和设计效率的提升。基于三维场景的数字化模型也将助力工程的管理和维护。

12.1.2 工程概况

工程规模为二等大（2）型，受水区多年平均引水量为 7.70 亿 m³，渠首设计流量为 38.0m³/s，总工期为 45 个月，总投资约 180 亿元。

工程区主要出露太古界、元古界、震旦系、寒武系、奥陶系、志留系、白垩系、第三系和第四系地层、岩浆岩及侵入岩。第三系、第四系主要分布在引水线路的纪洪—沙河段，基岩主要出露在引水线路进口—纪洪段。

沙河以西土层具有弱膨胀性，明渠土层孔隙潜水主要为包气带水，输水隧洞以穿越岩石为主，Ⅳ～Ⅴ类围岩居多。

全线渠系建筑物有明渠 53 段，长 24.01km；暗涵 38 座，长 30.96km；隧洞 55 座，长 119.43km；倒虹吸 11 座，长 76.10km；渡槽 22 座，长 19.01km。还有节制闸 18 座、分水闸 18 座、检修闸 11 座、退水闸 12 座、放空阀 16 处、扩建水库 1 座。

线路有 4 个关键节点：起点清泉沟取水口、跨唐白河管桥、中部封江口调节水库、终点王家冲水库。

拟订了两条线路 3 个方案进行比选：

（1）高线自流方案。从清泉沟取水后经鄂北工程取水口，流经湖北、河南两省交界地带，跨唐白河进入唐东地区，经封江口水库调节，最后入王家冲水库。线路全长 269.67km。夹河套 3 根 PCCP 管并列布置，总长 72.15km，单根管径为 3.8m。

（2）低线提水方案。经鄂北工程取水口后利用引丹灌区总干渠，经总干渠、六干渠，跨唐白河入唐东地区，在刘桥水库附近布置泵站提水，泵站以东线路同高线自流方案，全线长 289.81km。夹河套 3 根 PCCP 管并列布置，总长 25.4km，单根管径为 3.6m。

（3）高线提水方案。输水线路与高线自流方案相同，在刘桥水库附近设泵站以减小倒虹吸的规模。3 根 PCCP 管布置同高线自流方案，单根管径为 3.5m。

由于工程线路长、信息量大、建筑物种类和数量较多，从项目建议书阶段开始，应用 GIS 技术辅助选线和方案比较，结合 BIM 模型对重点地段和亮点建筑物进行展示、汇报。可行性研究阶段和初步设计阶段通过典型设计复核工程量、出渠道断面图，丰富模型库和典型场景，对直径为 8.0m 的大直径土洞进行施工开挖结构仿真，提出合适的开挖衬砌方案。施工详图设计阶段建立预应力渡槽三维模型，进行预应力渡槽仿真分析，确定合理的三向预应力钢筋的布置方式和数量，此外对常规渡槽和水闸进行三维配筋；开展预应力渡槽架设工艺模拟；建立全干线渡槽、渠道三维模型和典型控制建筑物 BIM 模型，与 GIS 和数据库结合，为今后管理运行提供支持。

12.1.3 BIM 技术应用依据

湖北水院 BIM 技术从 2011 年的单专业应用发展为今天的主要勘测设计专业参与，后续将加大培训力度，扩大项目应用范围，积累经验，为普及应用打下基础。

目前湖北水院制定了《水电项目三维协同设计流程指南》和《三维设计模型库积累管理机制（初版）》。针对 Autodesk 软件的 Revit、Civil 3D 和 Inventor 建模标准，规定了项目原点定义、模型分类及拆分原则、数据共享机制、族（零件）的命名规则和二维出图模板定制标准等。

12.2 项目 BIM 应用策划

12.2.1 BIM 应用目标

（1）前期辅助规划，搭建初步 GIS 展示平台。

（2）根据建筑物种类和形式，选择具有代表性区段，通过 BIM 应用来积累各专业模型库或零件，建立渠系建筑物资源库，方便今后引调水、灌区和堤防工程设计应用。

（3）通过地质与土建结合、主要软件模板定制和符号库建立，实现水闸、渡槽等的三维建模、二维出图，利用模型与图纸的关联性提高设计效率。

（4）利用 BIM 模型进行三维仿真和配筋。

（5）提供一个 BIM＋GIS 的数字化平台，方便工程管理与维护。

12.2.2 BIM 总体思路及解决方案

BIM 总体思路是以 Autodesk 三维设计系列软件为主平台，辅以三维地质、结构分析、GIS、三维配筋和后期渲染等软件，形成联合解决方案。

主要建模和参数化软件有 Civil 3D、Revit 和 Inventor，各专业应用功能见表 12.2－1。

表 12.2－1　　　　　　　　　Autodesk 三维设计软件各专业应用功能

软件名称	应 用 专 业	用　　途
Civil 3D	水工、施工	场地平整、建筑物基础开挖及回填、渠道设计、隧洞边坡设计
Revit	水工、建筑、电气、水机	渡槽、水闸、电气设备、管路等设计
Inventor	水工、金属结构、水机	大多数水工结构、闸门、门机，起重机、油气水设备等设计

此外，采用 InfraWorks 软件辅助平面布置和效果制作，采用 Navisworks 软件进行模型整合、校审、施工场地布置和施工过程模拟。

结构分析采用大型通用有限元软件 Ansys，效果制作采用 Lumion 景观可视化软件。

12.3 项目 BIM 应用实施

12.3.1 实施策划

（1）平台搭建和人员配置。2011 年，湖北水院在试点专业（测绘、水工、机电等）配置了 Autodesk 系列软件，并按要求配置了计算机和共享文件夹；2016 年 3 月，成立 BIM 团队，采用多专业协同模式工作，采用文件夹和 Vault 数据管理相结合的方式管理模型和数据。鄂北工程 BIM 应用正从单一专业应用向多专业应用、从点状应用向面上应用发展。

（2）实施计划。

1）搭建原始地形＋开挖完成地形的大场景 GIS 平台，完成渠道、渡槽的建模和总装，结合数据库，最终实现主要建筑物属性和相关水位、流量信息的查询，辅助工程管理。

2）创建渠系建筑物模型库、零件，积累资源。

3）将 BIM 技术与实际生产融合，逐渐扩大应用范围。

12.3.2 数据输入

（1）前期 1∶2000 地形和正射影像数据，初步设计和施工详图设计阶段局部 1∶500 地形数据。

（2）典型 BIM 应用区段的地质、试验参数。

（3）沿线管、渠底控制高程，设计水位线。

清泉沟取水建筑物底板高程为 141.23m（黄海高程，下同），设计水位为 148.23m，鄂北工程分水引用设计流量为 38m³/s；王家冲水库进口底板高程为 98.66m，设计水位为 100.00m，入库流量为 1.8m³/s。

12.3.3 项目建议书阶段

（1）收集整理 1∶10000 地形数据，截取地理影像，在谷歌地球软件上初拟线路，在专业 GIS 平台上搭建初步条带地形，为保证多条线路比选，宽度范围为 3～4km。

（2）建立典型建筑物 BIM 模型：包括清泉沟进水塔（既有建筑）模型、鄂北工程取水建筑物和分岔管模型、唐白河肋拱渡槽模型（初拟跨河建筑物形式）和刘桥提水泵站模型（提水方案）。

12.3.4 可行性研究与初步设计阶段

（1）收集整理 1∶2000 航测数据和正射影像，在 GIS 平台上完善线路，辅助线路布置，避开人口密集的城镇、水库和军事管制区等，做到线路尽量顺直较短，转弯半径满足水力学要求。

（2）细化结构设计，为了确保膨胀土地区渠道边坡满足规范要求，基础采用 1～2m 厚的改良土换填，调整典型横断面部件形状，分区统计挖填工程量。

（3）通过典型区段参数化建模，丰富已有的建筑物模型和机电、金属结构模型库，方便工程整体 BIM 模型的建立，为今后渠系建筑物设计积累样板和经验。

12.3.5 施工详图设计阶段

（1）利用渡槽 BIM 模型进行各种工况下的结构分析，并对预应力槽的施工张拉顺序进行模拟，确定典型槽身的预应力配置。同时对典型摩擦桩空心槽墩进行仿真分析，得到合适的沉降变形和应力分布，验证摩擦桩布置的合理性，同时提出配筋建议。

（2）利用三维配筋软件进行 PCCP 管镇墩、水闸、渡槽等结构的钢筋出图工作。

（3）修改完善清泉沟进水口（0－093～0＋000）、孟楼明渠（18＋700）—藤庄明渠（后接 PCCP 管进口，25＋520）、唐白河管桥（白河 74＋650、唐河 81＋680）、黑清河放空系统（典型放空设施，84＋220）、七方（罗家）明渠（前接 PCCP 管出口，97＋600）—刘桥（武岗）明渠（115＋960）、北郊明渠（119＋340）—优良河渡槽（129＋890）、封江口水库（182＋240）—歪寨隧洞（188＋520）、宝林渡槽（243＋440）—宝林隧洞（258＋490）、广水倒虹吸（258＋930～260＋533）和乐城山隧洞（264＋230）—王家冲水库（269＋180）。计划完成全部明渠、渡槽和主要控制闸的建模工作。

12.3.6 运维管理阶段

通过应用 BIM＋GIS 技术，结合数据库管理，建立起鄂北工程虚拟演示系统，并嵌入到工程管理平台中，实现全线主要建筑属性、水位、流量等特征参数的查询，对重点和亮点建筑物进行细部浏览，今后还可以考虑实现与外部水雨情数据接口，查询周围环境或流域的相关信息。

12.4 实施保障措施

12.4.1 组织架构

（1）依据文件。

1）三维协同设计过程控制程序（三标体系新增文件）。

2）专业软件（Revit、Civil 3D 和 Navisworks）使用手册。

3）BIM 建模标准。

（2）组织管理。目前为 BIM 团队支持模式，成员来自测绘、地质、水工、水机、电气、金属结构、施工和建筑等主要勘测设计专业，隶属湖北水院数字信息中心管理。结合生产项目，开展 BIM 技术的攻关、应用和推广工作。BIM 团队负责 BIM 模型搭建、内审，编写相关技术文档，二维图纸主要交由原生产处室校审。

数字信息中心负责数据管理、BIM 技术培训和二次开发等工作。培训的软件包括 Revit、Navisworks、Civil 3D 和 Inventor。培训分为基础培训、高级培训和实战训练 3 个阶段，每个阶段的时间为 1 个星期。

12.4.2 考核机制

（1）设计人员。湖北水院规定，有三维应用要求的专业，不大于 35 岁的技术人员都要参与三维设计培训，依据设计岗位不同有针对性地选择软件。

（2）BIM 团队成员。BIM 应用与生产挂钩，凡采用三维模型出图的项目，除正常效益外，另外给一部分补贴效益。

鼓励成员带动其他新员工应用 BIM 技术。目前只有鼓励政策，尚未出台惩罚规定。

12.5 BIM 应用成果

12.5.1 前期工作辅助线路布置

根据规划初拟的线路走向、取水口位置，测绘专业收集整理沿线范围内涵盖可能线路的条带状地形资料，通过截取的影像资料进行地理配准，在 GIS 平台上搭建初步的三维立体地形，极大地方便了线路布置。项目建议书阶段高线自流方案（推荐）如图 12.5-1 所示。

12.5.2 可行性研究与初步设计阶段

（1）可行性研究阶段。进一步对高线自流方案和低线取水、部分利用丹江口灌区渠道过流，至刘桥泵站提水后自流方案进行了深入的比选，建立渡槽、水闸和提水泵站的 BIM 模型，提交工程量，并进行比较方案的演示。可行性研究阶段方案比较如图 12.5-2 所示。

（2）初步设计阶段。除了方案比较外，根据实际移民调查和征地情况，对线路局部进行优化调整，GIS 软件中的线路布置和量算功能为移民调查工作提供了良好的定位和部分数据支持作用。

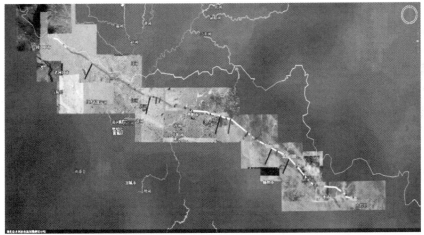

（a）整体自流线路

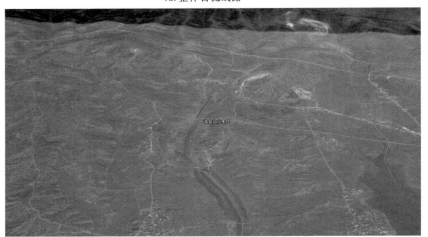

（b）起点清泉沟取水口

（c）跨白河渡槽（初拟）

图 12.5-1（一）　项目建议书阶段高线自流方案（推荐）

(d)穿封江口水库

(e)终点王家冲水库

图 12.5－1（二） 项目建议书阶段高线自流方案（推荐）

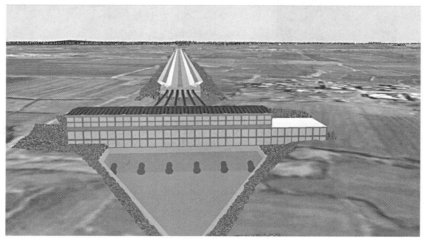

（a)提水泵站(低线提水方案)

图 12.5－2（一） 可行性研究阶段方案比较

(b)初拟的大跨度渡槽

图 12.5－2（二）　可行性研究阶段方案比较

　　1）管桥设计。线路跨越唐河、白河，唐白河是汉江的重要支流，有通航要求。通过比较采用管桥跨越，其中白河管桥长 575.0m、唐河管桥长 355.5m，主跨为 65.0m 拱形预应力混凝土结构，采用两侧浇筑中间合拢，桥上设有 3 根直径为 3.8m 的有压钢管，其质量相当于 4 辆列车并行的总质量。采用 Revit 体量建模方法建立了主跨和引桥的桥梁模型，单节管长 10.0m，由钢管、加劲环、固定端等结构组成，分别建立了参数化模型，通过嵌套为桥管族，提高了建模效率，方便了工程量统计。下面以白河管桥为例展示主要成果，如图 12.5－3～图 12.5－6 所示。

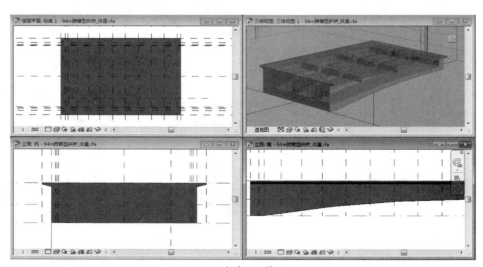

(a)65m 主跨 1/2 模型

图 12.5－3（一）　桥梁主体

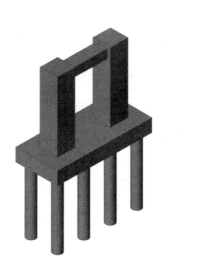

（b）桩基础桥墩（左：65m；右：35m 跨）

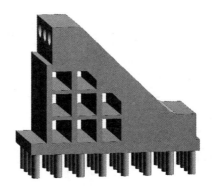

（c）镇墩（左：岸边镇墩；右：接地镇墩）

图 12.5-3（二）　桥梁主体

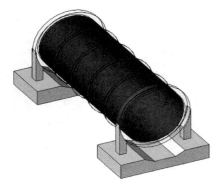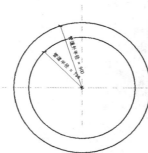

（a）管道族（族嵌套）　　　　　　（b）参数化圆形管道族（创建管道和加劲肋）

图 12.5-4　桥管标准节

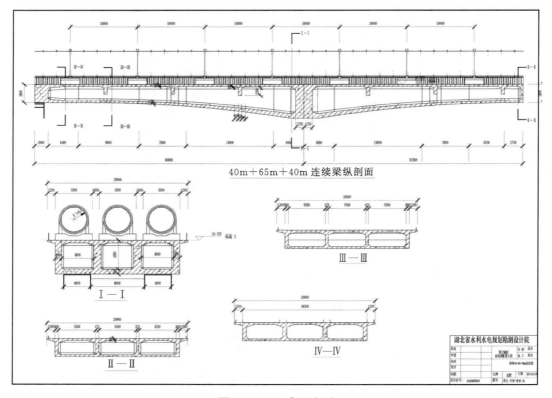

40m＋65m＋40m 连续梁纵剖面

图 12.5-5　典型出图

图 12.5-6　整体效果

2）典型明渠设计。选择 PCCP 倒虹吸出口罗家明渠（97＋600～98＋430）进行典型设计。根据沿线附近的地质钻孔资料，结合该区域的地层分布特点，构建渠道沿线附近的地质曲面和地质体，将地质曲面导入 Civil 3D 软件中进行渠道纵横断面设计。地层岩性上层为黏土（中等膨胀），下层为泥岩。构造的地质体如图 12.5－7 所示，地质纵横切面和剖面分别如图 12.5－8 和图 12.5－9 所示。

3）建筑物建模和模型库。水工专业创建了进水塔、阀门井、分水闸和退水闸等特定用途族，还建立了矩形单槽及槽墩、U 形单槽、城门洞、马蹄形隧洞、扭面、闸室进口翼墙和消力池等渠系建筑物族 50 余个；水机专业建立了镇墩排气阀和阀门井控制阀等零件；电气专业创建了卷扬机控制箱、照明配电箱和高低压进出线柜等族；根据应用最广的平面钢闸门，金属结构专业创建了参数化模型，建立了建模与出图的联动。部分成果如图12.5－10～图 12.5－12 所示。

图 12.5－7　地质体（开挖后）

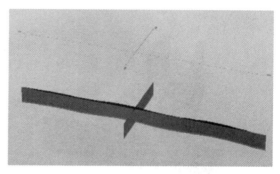

图 12.5－8　地质纵横切面

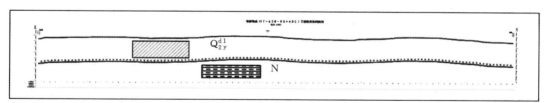

（a）纵剖面

明渠轴线（98＋000）工程地质横剖面图
比例 1:500

（b）横剖面

图 12.5－9　地质剖面

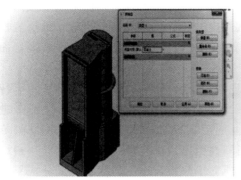

（a）清泉沟进水塔

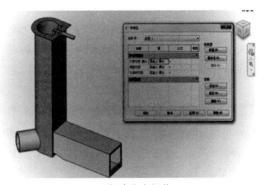

（b）新建取水竖井

（c）消力池（有翼墙）

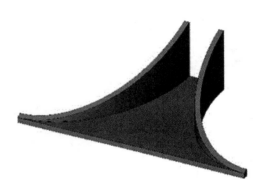

（d）进口翼墙

（e）预应力渡槽（嵌套族）

图 12.5－10　部分水工族样例

图 12.5-11　排气阀整体装配到镇墩

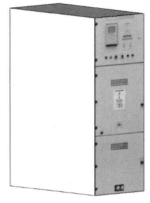 

（a）卷扬机控制箱　　　　　　　（b）高压开关出线柜

图 12.5-12　电气族样例

12.5.3　施工详图设计阶段

（1）预应力渡槽有限元分析。比较了 U 形和矩形不同跨度简支预应力槽身在各种工况下的受力，优化了结构尺寸，确定了三向预应力的布置。比较后采用 30m 跨矩形槽身，并对张拉顺序进行模拟。槽身网格及典型应力分布如图 12.5-13 所示，空心槽墩计算结果如图 12.5-14 所示。

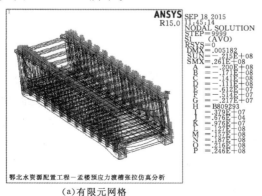 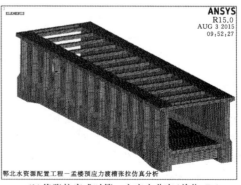

（a）有限元网格　　　　　　　　（b）终张拉完成时第一主应力分布（单位：Pa）

图 12.5-13　槽身网格及典型应力分布（张拉过程）

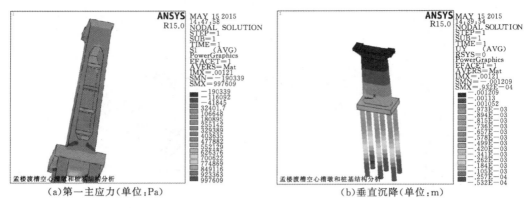

（a）第一主应力（单位：Pa）　　　　（b）垂直沉降（单位：m）

图 12.5-14　空心槽墩计算结果（设计水深＋风载）

（2）三维配筋。对常规渡槽、封江口进水闸、PCCP 管镇墩等结构进行三维配筋，典型镇墩配筋如图 12.5-15 所示。

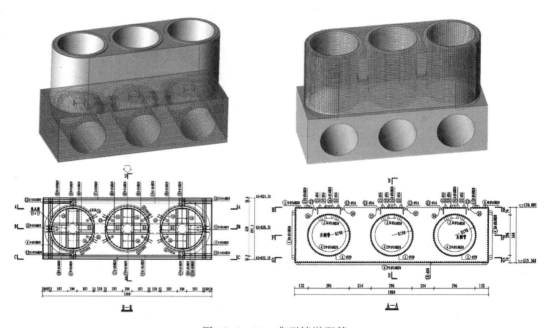

图 12.5-15　典型镇墩配筋

（3）完善大场景明渠（部分暗涵）、渡槽建筑物模型。按照典型明渠、参数化渡槽设计方法，完成全线明渠、渡槽建模工作，方便在 GIS 平台上实现建筑物属性管理和特征参数查询，辅助工程运行管理，目前已完成整个线路模型的创建和美化工作。后续主要开展数据库管理开发工作。部分渠段效果如图 12.5-16 所示。

（4）渡槽施工工艺。孟楼预应力渡槽长 4.99km，除连接段外共有 166 节，每节长 30.0m，浇筑、张拉、蒸养（防裂）均在预制场进行，通过提槽机、运槽车和架槽机以轨道运输方式架设到槽墩上。采用 Navisworks 软件较好地模拟了架设工艺。预应力渡槽施工工艺模拟如图 12.5-17 所示。

（a）孟楼渡槽

（b）孟楼渡槽施工现场

（c）套楼明渠—申冲渡槽—申冲明渠段

（d）刘桥（武岗）明渠

（e）清泉沟进水口（渠首）

（f）王家冲水库（渠尾）

图 12.5-16 部分渠段效果

（a）提槽

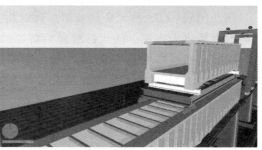

（b）运槽

图 12.5-17 预应力渡槽施工工艺模拟

12.5.4 管理运维阶段

场景模型建立后，根据功能需求进行数据库和应用界面的开发，方便通过网络异地浏览、研究嵌入运维管理系统的方式。演示系统功能设计如图 12.5-18 所示。

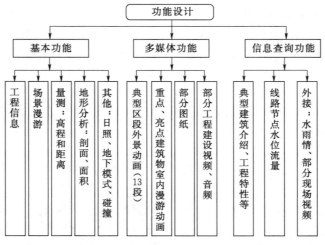

图 12.5-18　演示系统功能设计图

12.6　BIM 应用总结

（1）从项目建议书阶段开始，根据收集、整理得到的 DEM 和 DOM 数据，通过 GIS 技术搭建了三维数字化地形雏形，极大地方便了线路比选。

（2）通过后续阶段的航测资料，提取了更为精确的地形资料，创建了典型场景建筑物三维模型，丰富了模型库资源，形象展现了工程建成后的效果。

（3）选择典型渠段进行三维设计和出图，验算工程量，比较线路时，分幅构建三维地形曲面，利用线路与断面的关联，为线路调整后明渠快速出图和工程量统计提供了有力的保证。

（4）对复杂结构进行有限元分析，验证或确定合适的尺寸、参数，优化了施工工序。

（5）三维配筋提高了出图效率，减轻了校审劳动强度。

（6）BIM＋GIS 技术应用前景广阔，将来与管理平台融合会增强现实感，可视化比单纯数据表格更为直观。使运行管理更高效和便利。

同时，通过鄂北工程 BIM 技术的应用，积累了经验和资源，为今后湖北水院灌区、堤防等类似工程 BIM 勘测设计提供了有力支持。

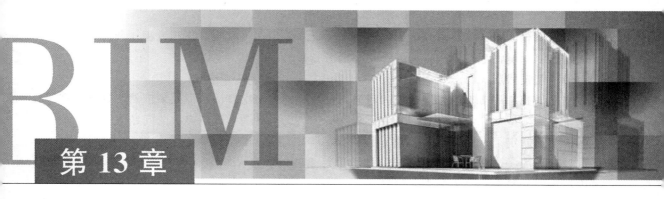

第 13 章

广州车陂涌流域水环境治理
工程 BIM 技术应用

【单位简介】

中国电建集团北京勘测设计研究院有限公司（以下简称"北京院"）始建于 1953 年，是大型综合性勘测设计研究单位，现为中国电力建设集团有限公司（世界 500 强企业）的全资子企业。北京院拥有工程设计综合甲级、工程勘察综合甲级、测绘甲级和工程咨询甲级等近 20 项国家甲级资质证书。

【BIM 开展情况】

2004 年，北京院经过调研确定引进 Autodesk 平台；2006 年，各专业开始对平台各软件功能进行专业上的应用，将设计与软件功能进行匹配和融合；2010 年，进行项目整体上的试点，并搭建协同平台；2013 年，进行重点项目的推广，并总结经验，制定相关的标准；2014 年，成立数字工程中心；2015 年开始进行数字化产品的研发，并在丰宁、沂蒙水电项目上签订了与 BIM 相关的合同；2016 年至今，继续业务市场的拓展，并开始进行 BIM 技术咨询服务的市场化运作。已在大部分项目上推广应用 BIM 设计，建立了完整的企业模型库和 BIM 设计样板文件，编制了企业 BIM 体系文件。

13.1　案例概述

13.1.1　水环境 BIM 技术应用背景

2015 年 4 月 16 日，国务院发布《水污染防治行动计划》（以下简称"水十条"），明确提出：到 2020 年，地级及以上城市建成区黑臭水体均控制在 10% 以内；到 2030 年城市黑臭水体得到消除。2015 年 9 月 11 日，住房和城乡建设部发布《城市黑臭水体整治工作指南》，以"水十条"中提出的指标为依据，对城市黑臭水体进行了定义、规定了识别依据，并明确了各地城市黑臭水体整治方案编制流程、黑臭水体整治技术及整治效果评估

等。国家出台的水环境治理政策明确提出了黑臭水体治理的时间节点和流程，预计"十三五"期间水环境治理方面投入约为 20000 亿～33000 亿元。

13.1.2 工程概况

车陂涌是广州市干流长度最长的河涌之一，虽经过多次整治，但效果依然不理想，现状水质仍为劣Ⅴ类。水质的黑臭已成为影响沿线居民生活满意度最突出的问题。

广州市制定了《广州市水更清建设方案》，明确提出以流域为体系，以河涌为单位，采取截污、清淤、补水、修复、防洪排涝等综合措施，逐步恢复河流生态，到 2020 年，城内流域河涌基本消除劣Ⅴ类，城镇污水处理率达 95%。因此，对车陂涌流域进行全面综合治理势在必行。

该项目时间紧、任务重，涉及内容广、专业多，为了在业主要求的时间内完成工作任务，BIM 技术的成功应用成为了解决基础资料短缺、提高设计效率、提升汇报展示水平的重要保障之一。

13.1.3 水环境 BIM 技术应用依据

北京院在已有的水利水电 BIM 设计体系的基础上，结合水环境治理工程的特点，编辑整理了部分该类工程的协同设计标准体系文件，见表 13.1－1。

表 13.1－1　　　　　　　　部分 BIM 协同设计标准体系文件

序号	标 准 名 称	标 准 编 号	备 注
1	三维设计生产组织与流程管理规定	GL/07－12—2017	已发布
2	三维协同设计平台管理办法	GL/07－13—2017	已发布
3	Vault 模型库管理规定	GL/07－15—2017	已发布
4	勘测三维设计作业管理规定	GL/07－18—2017	已发布
5	枢纽系统三维设计作业管理规定	GL/07－19—2017	已发布
6	厂房系统三维设计作业管理规定	GL/07－20—2017	已发布
7	水环境治理工程项目三维设计出图分类管理规定	GL/07－23—2017	已发布
8	水环境治理工程项目三维模型设计深度等级规定	GL/07－24—2017	已发布

13.2 项目 BIM 应用策划

13.2.1 BIM 应用目标

（1）提升整体设计工作的效率。基于 BIM 协同设计服务器，实现各专业间数据交换，使传统的串行设计升级为并行设计。各专业基于参数化模型库，实现既有设计成果的复用，通过修改参数，即可快速创建项目各专业的 BIM 模型，通过模型快速抽取各专业二维图纸。模型与图纸可动态关联，当设计方案变更时，实现二维图纸快速更新。

（2）提升设计质量。整合多专业模型进行碰撞检查，提前发现"错、漏、碰、缺"，提高最终的设计质量。各专业在设计过程中，基于 BIM 协同设计服务器引用相关专业的设计数据，并将本专业的数据上传至 BIM 协同设计服务器，服务器上的设计数据始终是最新的。当上序专业设计数据发生更改时，下序专业会有提醒，保障各专业设计版本的一致性，减少各专业间因沟通不畅造成的错误。

（3）控制项目进度。在整个 BIM 设计过程中，项目管理人员可随时从服务器上查看整个项目的进度，便于项目管理者及时把握项目进展情况，核实各节点是否按照项目控制计划开展工作。

13.2.2　BIM 总体思路及解决方案

采用 Autodesk 公司的软件平台，建立以 Civil 3D 软件为主的测量地质系统，以 Inventor 软件为主的结构设计系统，以 Revit 软件为主的建筑设计系统，以 Infraworks 软件为主的施工布置系统。4 个子系统以 Vault 平台为协同管理核心，开展水环境治理设计工作；以 Navisworks 软件为后期整合软件，进行校审、漫游、4D 模拟等工作。数字化移交采用 Navisworks 线下和 BIMe 云线上的方式。在施工建造和运维阶段，采用 Navisworks 和 3D MAX 软件进行施工模拟，采用 Stingray 软件进行现实虚拟，采用 BIMe 云及二次开发的软件作为全生命周期的管理平台。

13.3　项目 BIM 应用实施

13.3.1　项目策划

（1）协同设计平台搭建。基于 Vault 协同设计平台，各专业设计在平台上实时交互，所需的设计参数和相关信息可直接从平台上获得，保证数据的唯一性和及时性，有效避免重复的专业间提资，减少专业间信息传递误差，提高了设计效率和质量。各专业数据共享、参照及关联，能够实现模型更新实时传递，极大地节约了专业间的配合时间和沟通成本。基于服务器存储模型数据，实现 BIM 设计成果的统一存储，保证数据的安全性。项目管理人员可实时查看服务器上的设计数据，检查工程进度。

在北京院服务器上，为该流域水环境治理工程创建项目空间，划分各专业数据存储目录结构，各专业再划分子文件目录。基于微软域策略，统一从北京院域账户导入工程项目的成员账号，并将各账号按照项目职责划分至相应的 Vault 权限组，实现协同设计的权限管理。

（2）BIM 控制计划。根据水环境治理工程项目的具体情况，结合项目本身的年度计划，编制导航项目年度 BIM 设计控制计划。对各主要设计专业的 BIM 模型完成时间，项目模型总装、碰撞检查、三维会审及模型最终固化等工作的时间作出规定。

（3）BIM 工作大纲。编制项目 BIM 设计技术应用工作大纲，包含项目 BIM 实施的主要内容、主要成果、实施目标、实施标准（单位和坐标、模型划分与命名、模型色彩规定、模型使用的软件）、各组织角色和人员配备、实施流程、项目协调与检查、成果交付等内容。

13.3.2　资料收集

（1）高清影像信息。高分辨率卫星影像采用商业卫星的 0.5m 分辨率全色影像与 1.8m 分辨率多光谱数据进行制作，能够从宏观的视角提供真实可靠的地表信息，可清晰查看河道周边现状，为项目方案策划提供数据与信息支撑，设计人员无须到达现场即可快速了解现场情况。

通过10m分辨率DEM产品反生等高线，结合高分辨率卫星影像提取道路、水系等基础地理信息数据，经过综合取舍、等高线修编，制作出全要素的1：10000地形图，为后续设计提供最基础的资料。高清影像制作流程如图13.3-1所示。

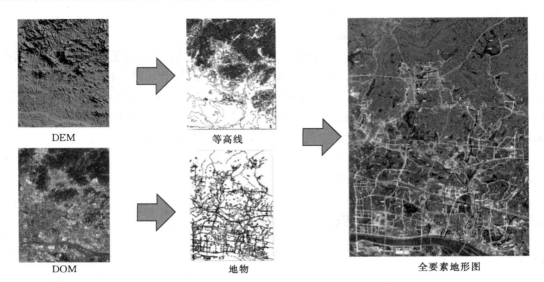

DEM　　等高线　　全要素地形图

DOM　　地物

图13.3-1　高清影像制作流程图

（2）航飞视频。为了保证设计接地气，有针对性地提出水环境治理的建设性方案，通过航飞手段，从高空俯视工程区全貌，将设计重点关注区域进行清晰和准确的展示，为工程蓄排水、防洪等建筑物和截污管道的布置提供了现场基础资料，并将视频在第一时间全员共享，在很大程度上助力了项目部进行方案设计。

（3）GIS＋BIM集成。GIS＋BIM集成以三维实景地图为基础，以设计方案为核心，集成了基础道路、水系、排水管道以及项目方案信息，形成完整的方案展示数据库，充分表达了项目策划思路，并在项目汇报过程中作为沟通的技术平台，增强了交流效果，将设计意图充分表达。BIM与GIS集成示意图如图13.3-2所示。

（4）移动踏勘系统。以高清卫星影像为基础，集成设计方案、现场踏勘规划、道路、水系等信息，能够实现现场GPS定位、导航、地图浏览、现场采集照片及视频等功能。移动踏勘系统方便了踏勘人员在现场踏勘过程中快速准确地了解自身所处位置与设计方案的相对关系，为现场踏勘工作提供了数据保障与定位支持。

13.3.3　方案设计与投标

（1）地质三维系统。地质三维系统建立在基于Civil 3D软件开发的勘测内外业一体化平台上，平台由北京院自主开发。通过移动终端进行地质外业数据的测量、收集、整理，再通过平台形成三维地质模型，平台利用模型可自动生成本专业的综合地质分析成果与报告报表、各类平剖面图等相关业务数据，最后通过Vault平台与下序各专业进行协同。地质三维系统如图13.3-3所示。

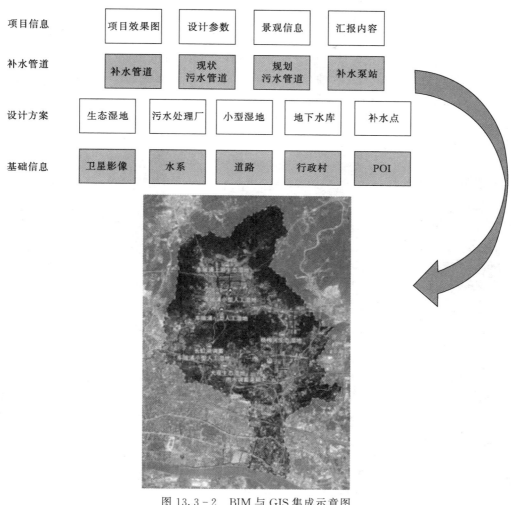

图 13.3-2 BIM 与 GIS 集成示意图

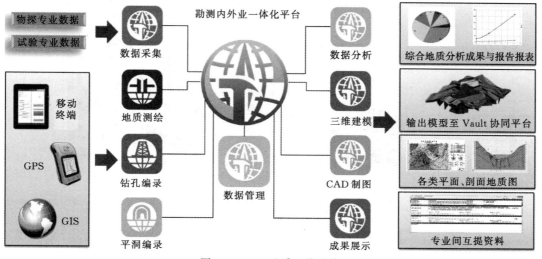

图 13.3-3 地质三维系统

（2）地下管网、水利工程三维系统。引用地质三维模型，在 Civil 3D 软件中对地下管网、水利工程进行布置，建立控制点、轴线、高程等控制信息。同时，各专业在 Civil 3D 软件中进行相关部位的开挖设计。在 Inventor 软件中根据 Civil 3D 软件的控制信息建立细部模型，然后通过 Inventor 软件的装配功能，依据总体骨架控制信息，进行模型总装。最终在 Navisworks 软件中形成地质、开挖、结构整体三维模型。地下管网、水利工程三维系统如图 13.3-4 所示。

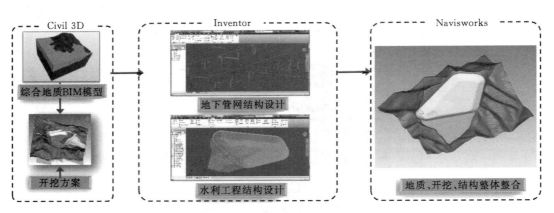

图 13.3-4　地下管网、水利工程三维系统图

（3）建筑工程三维系统。各项工作内容在 Vault 平台上进行协同和管理，主要利用 Revit 软件进行模型创建，金属结构专业将 Inventor 模型导出为 Revit 族进行协同，通过 Navisworks 软件进行碰撞检查与三维校审，最后由 Revit 软件生成设计图纸。建筑工程 Revit 模型如图 13.3-5 所示。

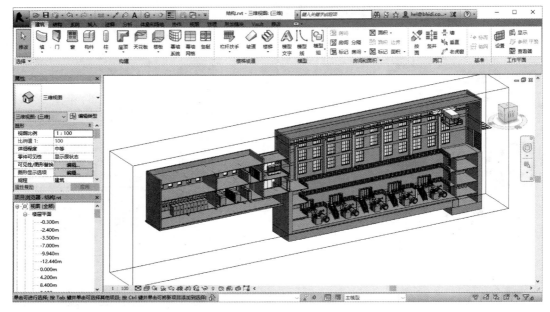

图 13.3-5　建筑工程 Revit 模型

（4）施工布置三维系统。在 InfraWorks 中集成以上各系统地质、地下管网、水利工程、泵站和污水处理厂的模型，并进行施工道路、桥梁、隧洞设计和施工场地开挖及布置等，形成施工总布置三维模型。再将水环境生态湿地修复和绿化等方案进行集成，最终形成完整的三维可视化项目设计方案。施工布置三维系统如图 13.3 - 6 所示。

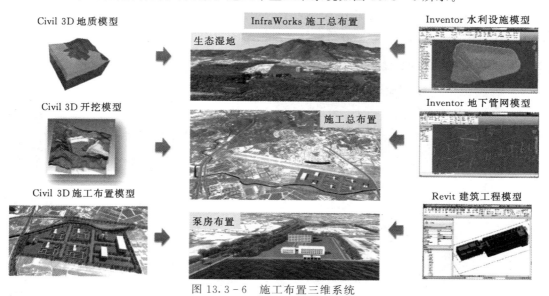

图 13.3 - 6　施工布置三维系统

（5）协同平台。基于 Vault 协同设计平台，各专业设计在平台上实时交互，所需的设计参数和相关信息可直接从平台上获得，保证数据的唯一性和及时性，有效避免重复的专业间提资，减少专业间信息传递差错，提高了设计效率和质量。各专业数据共享、参照及关联，能够实现模型更新实时传递，极大地节约了专业间的配合时间和沟通成本。协同平台系统如图 13.3 - 7 所示。

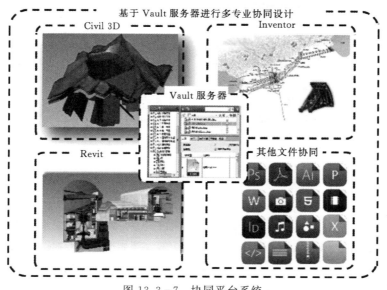

图 13.3 - 7　协同平台系统

13.3.4 详图设计与施工

（1）三维出图。利用 Civil 3D 软件结合地质模型生成道路及开挖的设计图纸。利用 Inventor 软件生成结构设计图纸，与 Civil 3D 软件结合还可生成带地质信息的结构图。利用 Revit 软件生成建筑结构、设备、装修及局部详细图纸。利用三维配筋软件，通过三维模型建立三维钢筋，最终将配筋信息导入 AutoCAD 进行钢筋出图。Civil 3D 软件与 Inventor 软件联合出图如图 13.3－8 所示，三维配筋图如图 13.3－9 所示。

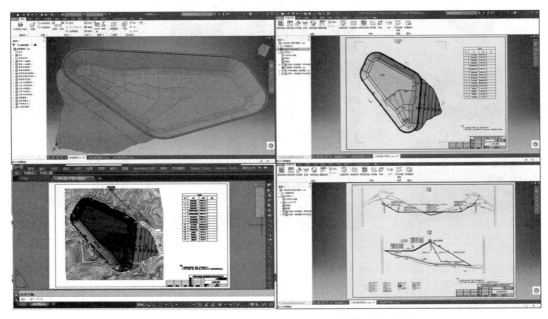

图 13.3－8　Civil 3D 软件与 Inventor 软件联合出图

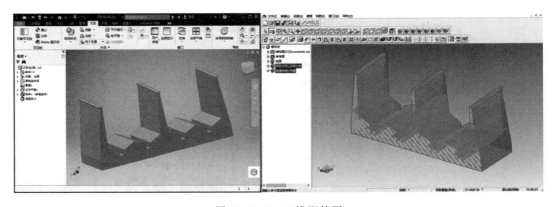

图 13.3－9　三维配筋图

（2）数字化移交。通过 Navisworks 软件将项目模型整合并轻量化，且保留模型相关信息数据，打包后线下移交。通过 BIMe 云平台在云端整合和轻量化模型进行线上移交。建设各方在 PC 端、移动端均可实现信息交互和沟通。模型修改记录、图纸、批注、照片等文件与模型关联，提高各方沟通的效率和质量。BIMe 云平台如图 13.3－10 所示。

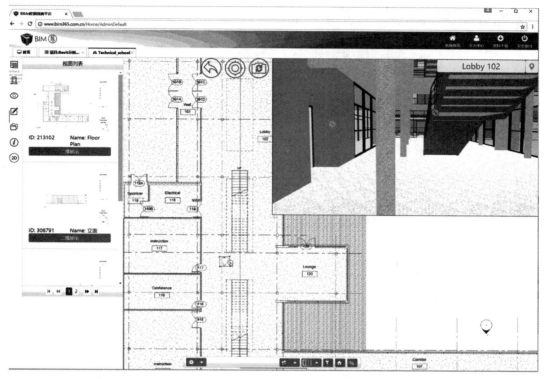

图 13.3 - 10　BIMe 云平台

（3）施工模拟与管控。

1）施工模拟。

a. 过程及工艺。借助 BIM 模型进行直观真实、动态可视的施工全程过程模拟和工艺模拟，能够充分展示设计意图，同时可以展示多种施工计划的实操性，并将施工中可能发生的问题前置，择优选择最佳施工方案并提高施工效率。

利用精细化 BIM 模型，制作关键环节的施工工艺方案模拟三维动画，普及标准化的施工工艺，提升施工质量，打造样板工程。

b. VR 场景。通过 VR 技术，可以突破空间限制，三维可视化浏览工程布置情况，并能实现不同天气的场景切换，浏览模式多样。逼真再现工程的完建场景，通过人机交互进行场景漫游，可使观看者有身临其境的感觉，提高参与方对工程整体的认识。

2）施工管控。开发基于 BIM 的施工管控平台，依据管理流程建立施工管理行为标准库，规范施工管理过程。通过物联网、移动互联等手段采集施工过程中的质量、进度、安全等数据，并将数据与模型进行关联开展施工进度分析、质量分布分析、可视化展示查询等应用。从而保证施工质量、优化施工进度、保障施工安全。施工管控平台界面如图 13.3 - 11 所示。

13.3.5　运维管理

通过 BIM 模型进行厂站设备与管网设施的运维管理，能够将设备状态、维修保养历史等数据与模型进行集成，可视化进行信息展示与更新维护；将 GIS 系统与水情、水质

图 13.3－11　施工管控平台界面

等监测设备相结合，远程观测水位、雨量、流量等现场数据，分析和预测各类指标走势并进行预警，在此基础上进一步开展综合预警、洪水演进分析及洪水淹没模拟等防汛减灾应用，为管理人员提供可靠的决策辅助支持。

（1）厂站设施管理。利用 BIM 模型对厂站设施进行信息维护管理，快速获取设施的基本参数或制定维修保养计划；实时监控厂站设施运行状态和运行参数，保证泵站和风机的运行质量，实现厂站设施的全生命周期管理。

（2）地下管网管理。借助 BIM 模型进行地下管网管理，将地下隐蔽管网升级为可视化管网，不同管线以不同颜色区分，单击管网结构即可查看管网类型、设计成果、施工时间以及材质等信息。厂站设施及地下管网模型如图 13.3－12 所示。

图 13.3－12　厂站设施及地下管网模型

（3）水情信息监控。将水情的监测信息集成在运维管理平台内，实现在中控室内远程观测水位、雨量、流量等现场数据，形成"以指挥中心为核心，以光纤通路为轴线，以采集系统为基础，点线面全区域覆盖"的空间布局。通过预置水文数据分析模块，采用云计算技术，对实测数据自动计算和分析，并生成水位、降雨量过程曲线等数据图表。水情监测网络拓扑图如图 13.3－13 所示。

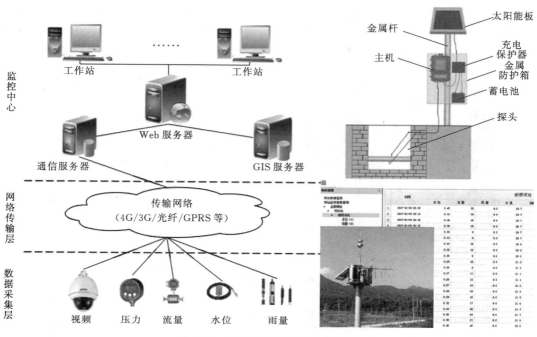

图 13.3-13 水情监测网络拓扑图

（4）水质信息监控。基于 GIS 地图将水质监测区的站点实时反馈信息进行显示，展示各站点水环境指标详情，并通过与预先设置的告警阈值进行比对，超过阈值则给予报警提示。通过调用水质预测模型，导入水质监测数据等参数，对未来一段时间内水质指标进行预测，帮助管理人员分析水质的未来走势。水质检测平台如图 13.3-14 所示。

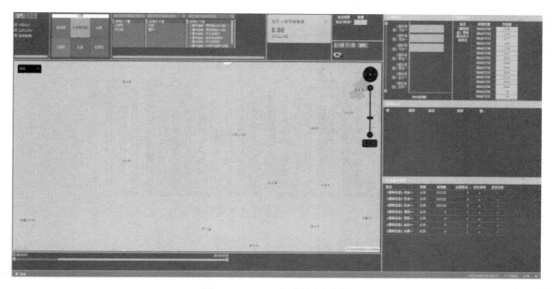

图 13.3-14 水质检测平台

（5）防汛减灾与应急管理。防汛减灾与应急管理基于安全与标准体系，梳理防汛业务

案例篇

流程，实现综合预警、联合优化调度、应急度汛分析、应急指挥与调度等功能，并能通过
BIM 场景可视化展示分析结果及灾害后果，为相关管理人员提供决策支持服务。洪水模
拟分析如图 13.3 - 15 所示。

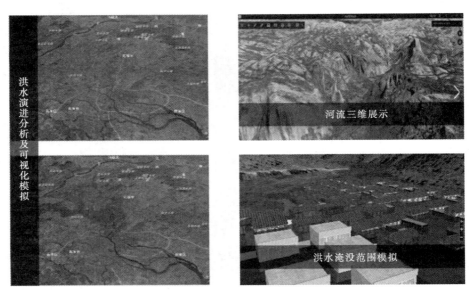

图 13.3 - 15　洪水模拟分析

（6）综合信息管理。在检测数据库以及 GIS 系统和 BIM 模型属性的支持下，以鲜明
简洁的图表、文字、图形、影像等方式为相关管理部门提供水量、水质、生态、水资源、
设备设施等各类信息查询服务。信息表达形象直观、清晰简洁、图文并茂。综合信息管理
系统功能模块如图 13.3 - 16 所示。

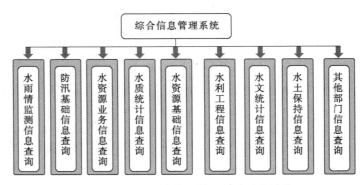

图 13.3 - 16　综合信息管理系统功能模块

13.4　实施保障措施

13.4.1　规章制度

BIM 规章制度的建立保证了组织管理架构的合理高效运行，同时也使生产流程体系

更加完善可靠，为 BIM 设计规范化以及 BIM 设计在全院各项目的全面推广起到了重要作用。北京院现有规章制度分为公司级、项目级和专业级 3 个层次。

13.4.2 项目生产组织架构

水环境治理工程 BIM 组织架构分为 3 个层级：BIM 项目管理人员、BIM 专业管理人员和 BIM 工程设计人员。

BIM 项目管理人员包括项目经理、项目（副）设总和系统管理员。

BIM 专业管理人员包括信息与数字工程中心负责人、勘测 BIM 负责人、水工 BIM 负责人、建筑 BIM 负责人和施工 BIM 负责人。

BIM 工程设计人员包括信息与数字工程中心、地质专业、水工专业、建筑专业和施工专业相关工程设计人员。

项目生产组织架构如图 13.4 - 1 所示。

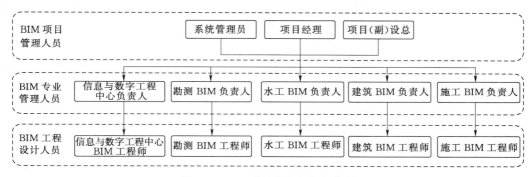

图 13.4 - 1　项目生产组织架构图

13.4.3 人员职责

（1）BIM 项目管理人员。

1）项目经理：负责项目 BIM 实施总体策划和项目进度控制等管理工作。

2）项目（副）设总：编写项目 BIM 设计控制计划及工作大纲，对各专业 BIM 设计成果进行审查，协调各专业 BIM 模型的碰撞，完成整体模型固化等工作。

3）系统管理员：为项目 BIM 协调设计平台划分各专业存储空间，并为各级人员设定控制权限，为项目 BIM 协同设计提供系统技术支持。

（2）BIM 专业管理人员。

1）信息与数字工程中心负责人：组织 BIM 工程师为项目 BIM 应用提供技术支持。

2）勘测 BIM 负责人：组织测量、地质专业 BIM 人员，完成勘测模型的创建及上传工作，为下序专业提供基础设计资料。

3）水工 BIM 负责人：组织完成水工各专业子模型的碰撞检查与模型整合工作。

4）建筑 BIM 负责人：组织完成建筑各专业子模型的碰撞检查与模型整合工作。

5）施工 BIM 负责人：组织完成全专业模型整合及施工总布置模型创建工作。

（3）BIM 工程设计人员。

1）信息与数字工程中心 BIM 工程师：为项目整体 BIM 设计提供技术支持，并负责项目运维平台的开发维护及模型信息的导入工作。

2）勘测 BIM 工程师：收集地形、地质资料，创建地形、地质 BIM 模型并上传至 Vault 协同设计服务器；完成本专业的出图工作。

3）水工 BIM 工程师：完成地下管网、水利工程、水利设施及相关电器设备等 BIM 模型的创建及碰撞检查等工作，并上传至 Vault 协同设计服务器；完成本专业的综合出图工作。

4）建筑 BIM 工程师：完成泵站、污水处理厂等建筑物 BIM 模型的创建及碰撞检查等工作，并上传至 Vault 协同设计服务器，完成本专业的综合出图工作。

5）施工 BIM 工程师：完成施工道路、桥梁、隧洞及施工场地 BIM 模型的创建工作，整合各专业 BIM 模型，完成施工总布置 BIM 模型总装和本专业的综合出图工作。

13.4.4 技术培训

为了推动 BIM 技术在水环境治理项目中的应用，对项目全体成员进行了多次 BIM 技术应用培训。同时将培训视频发布到北京院三维协同设计论坛中，供广大员工线上学习和交流，此外还采用微信推送等方式发布培训视频。"线上＋线下"相结合的培训方式满足了不同专业员工的需求，提高了培训的质量和效果。

针对项目不同岗位的人员，从项目管理、专业协同、基础建模 3 个层面开展定制化 BIM 培训，提高了整体培训效果。技术培训课程见表 13.4－1。

表 13.4－1　　　　　　　技 术 培 训 课 程 表

培训课程	参加人员	课时安排	主 要 内 容
BIM 理论及项目管理	项目管理人员	4 学时	1. 了解 BIM 政策导向、技术原理和 BIM 技术的应用点； 2. 了解 BIM 技术的核心价值点； 3. 树立 BIM 理念，正确引导 BIM 技术发展方向； 4. Vault 协同设计平台权限设定与管理； 5. 整体模型碰撞检查与校审
BIM 专业案例解析	各专业 BIM 负责人	40 学时	1. 地质专业 BIM 设计案例培训； 2. 地下管网、水利工程 BIM 设计与应用； 3. 建筑 BIM 案例培训； 4. 多专业 BIM 模型整合与施工总布置； 5. 多专业 Vault 协同设计
BIM 基础建模应用	各专业 BIM 设计人员	40 学时	1. Revit 土建专项培训； 2. Revit 机电专项培训； 3. Civil 3D 专项培训； 4. Inventor 水电工程应用培训； 5. Navisworks 及 InfraWorks 水电工程应用培训； 6. Vault 协同设计培训

13.4.5 奖惩机制

（1）设计人员。为了鼓励广大青年员工学习掌握 BIM 技术，北京院联合 Autodesk 考试中心，定期举办三维软件认证考试并颁发"Autodesk BIM 设计软件"认证证书。同时，在员工申报评审工程系列中、高级专业技术职务资格时，对 BIM 设计能力提出要求：对勘测、水工、机电、金属结构、施工、建筑等有三维设计应用要求的专业，35 岁及以下的申报人员需提交"Autodesk BIM 设计软件"认证证书。

（2）公司考核。为加快推进三维设计工作，北京院编制了《三维设计考核评价标准》，对年度内开展的 BIM 设计工作进行专项考核。考核评价标准分为项目部考核评价标准和专业生产部门。项目部考核指标分为工作策划、过程管理、三维出图率和顾客满意度 4 项；专业生产部门考核指标分为工作策划、过程管理、三维出图率和三维培训合格率 4 项。

每个季度按考核标准抽取各项指标汇总整理。各参与考核的项目部和专业生产部门按指标进行排名，并将名次结果在北京院内公示。

在年终结算时，北京院根据考核评分确定三维设计考核系数，该评分和系数将应用于部门年底考核分配。对三维设计成效显著的项目部和专业生产部门将给予产值奖励，并对部门和个人予以表彰；对三维设计执行不力的项目部和专业生产部门将扣罚产值，并对负责人进行问责。

13.5 BIM 应用成果

（1）采用卫星、无人机获得航空摄影数据，后方人员无需到达现场即可了解项目现状，还可快速生成地形图和三维模型，为后续设计提供基础数据。高清影像成果图如图 13.5－1 所示。

图 13.5－1　高清影像成果图

（2）通过 GIS＋BIM 集成和移动踏勘系统，将项目现状信息与设计方案相结合，充分沟通设计思路。利用定位和导航，现场资料采集与同步等手段提高了信息获取和利用的效率。GIS＋BIM 移动端平台如图 13.5－2 所示。

（3）勘测设计一体化平台以地质建模规则为纽带，实现了地质模型随编录数据增加的自动更新，将外业采集、内业分析、建模、出图等业务流程化和标准化。勘测设计一体化平台如图 13.5－3 所示。

（4）充分发挥 Civil 3D、Inventor、Revit 等设计软件自身特点，在道路设计，开挖设计，结构设计，建筑装修、管路、设备设计，施工设计中开展三维协同设计，提高设计效率和质量。BIM 设计成果如图 13.5－4 所示。

桌面　　Web　　移动设备

GIS 服务器

地图服务　　在线内容

我的位置

我的位置

图 13.5-2　GIS＋BIM 移动端平台

图 13.5-3　勘测设计一体化平台

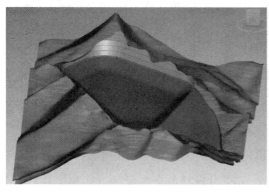

图 13.5-4　BIM 设计成果图

（5）采用 InfraWorks 将各系统工程设计方案进行轻量化集成，再将水环境生态湿地修复和绿化等方案进一步进行集成，最终形成完整的三维可视化的项目设计方案。

（6）基于 Vault 平台的协同，将项目全部工作移至云端，统一存储和管理项目文件及模型等数据，便于所有成员共享和访问。模型间参照关联引用，能够实现模型更新实时传递，极大地节约了专业间的配合时间和沟通成本。

（7）利用三维模型进行出图，图纸可根据模型快速剖切生成，并且模型与图纸保持联动，避免修改内容在某些图纸中被遗漏的情况，有效保证设计质量，提高工作效率，减少返工工作量。

（8）通过 Navisworks 和 BIMe 云进行数字化移交，建设各方在 PC 端、移动端均可实现信息交互和沟通。模型修改记录、图纸、批注、照片等文件与模型关联，提高各方沟通的效率和质量。

（9）借助 BIM 模型进行施工模拟和管理，能够在规范化管理过程的基础上指导施工，保证水环境治理工程的效果和工期；目前北京院已有成熟的施工管理平台和成功案例，后续能够为水环境治理项目进行深入定制并移植应用。施工管理平台如图 13.5-5 所示。

图 13.5-5　施工管理平台

13.6　BIM 应用总结

数字化技术是一种全新的手段，不仅以其协同化、流程化、模板化和规范化的方式实现了各工作间的无缝配合，而且三维可视化的效果直观、形象，为设计、施工、运维各阶段各方人员的交流沟通带来了极大的便利。在水环境治理项目中，数字化技术的集成组合应用可发挥单项技术的几何级功效，为水环境治理项目提供了强有力的技术支撑。

通过物联网、BIM、GIS、大数据分析等技术的集成应用，在水环境治理工程中逐步建立起智慧水务系统，智能化采集和监控水情信息，为流域内水资源的治理提供了高效科学的手段。

第 14 章

苏洼龙水电站枢纽 BIM 协同设计

【单位简介】

中国电建集团北京勘测设计研究院有限公司（以下简称"北京院"）始建于 1953 年，是大型综合性勘测设计研究单位，现为中国电力建设集团有限公司（世界 500 强企业）的全资子企业。北京院拥有工程设计综合甲级、工程勘察综合甲级、测绘甲级和工程咨询甲级等近 20 项国家甲级资质证书。

【BIM 开展情况】

2004 年，北京院经过调研确定引进 Autodesk 平台；2006 年，各专业开始对平台各软件功能进行专业上的应用，将设计与软件功能进行匹配和融合；2010 年，进行项目整体上的试点，并搭建协同平台；2013 年，进行重点项目的推广，并总结经验，制定相关的标准；2014 年，成立数字工程中心；2015 年开始进行数字化产品的研发，并在丰宁、沂蒙水电项目上签订了与 BIM 相关的合同；2016 年至今，继续业务市场的拓展，并开始进行 BIM 技术咨询服务的市场化运作。已在大部分项目上推广应用 BIM 设计，积累了完整的企业模型库和 BIM 设计样板文件，编制了企业 BIM 体系文件。

14.1 案例概述

14.1.1 BIM 技术应用背景

水利水电工程属于基础设施领域，一般表现为建筑物种类多、形状复杂、建设周期较长等特点，地形与地质条件对建筑物布局、施工难易程度及工程造价等方面均有较大影响。因此，应用 BIM 的难度相比建筑行业要大很多。目前，国内规模较大的水利水电设计院相继开展 BIM 技术的应用，在一些重要的常规水电站和抽水蓄能电站项目上也进行了研究和实践，苏洼龙水电站就是其中的一个试点项目。

14.1.2 工程概况

苏洼龙水电站位于金沙江上游河段四川省巴塘县和西藏自治区芒康县的界河上，是金沙江上游水电规划 13 个梯级电站的第 10 级，其上游为巴塘水电站，下游与昌波水电站衔接。坝址距上游巴塘县县城约 79km，距下游得荣县县城约 159km；距成都约 860km，距昆明约 909km。库坝区左岸有竹（巴笼）茨（巫）县级公路通过，该公路与 G318、G214 国道相连，对外交通较为方便。

苏洼龙水库正常蓄水位为 2475.00m，库容为 6.38 亿 m³，多年平均径流量为 938m³/s，电站额定水头为 84m，设置 4 台水轮发电机组，总装机容量为 1200MW，为一等大（1）型工程，多年平均年发电量为 54.26 亿 kW·h（联合），年利用小时数为 4522h（联合）。枢纽建筑物主要由沥青混凝土心墙堆石坝、右岸溢洪道、右岸泄洪放空洞（兼导流洞）、左岸引水系统和左岸地面厂房等组成。

沥青混凝土堆石坝坝顶高程为 2480.00m，最大坝高为 112m，坝顶长度为 464.7m，坝顶宽度为 12m。坝体上游坝坡坡比为 1:1.8，下游坝坡坡比为 1:1.6。下游坝坡面采用 1m 厚的干砌石护坡，上游采用抛石护坡。坝体采用沥青混凝土心墙防渗，宽度为 0.5～1.5m。

溢洪道由引渠段、控制段、泄槽段、消力池组成。控制段采用 WES 堰，堰顶高程为 2458.00m，堰高 15m，中部设生态泄放闸。溢流堰工作门为弧形钢闸门，采用液压启闭机启闭，前设平板检修门，泄水孔及生态闸孔共用一个门机启闭。溢洪道采用底流消能。

泄洪放空洞布置在溢洪道右侧，轴线间水平距离为 97m。由进水塔、有压洞段、工作门闸门井、无压洞段、明渠段、挑坎及护坦组成。进水口为岸塔式短有压进口；有压洞段由直段和弯段组成，采用圆形断面，底坡为平坡；闸门井工作门采用弧形钢闸门，启闭机室位于高程 2430.00m 处；无压洞段采用城门洞形；挑流鼻坎长 36.94m，挑坎平面体形为"舌"形，通过边墙扩散，将水舌横向拉伸。

引水系统布置在左岸，采用一管一机供水方式，4 条引水隧洞平行布置，由进水口、引水隧洞等建筑物组成。进水口采用岸塔形式，前部设通仓拦污栅，塔体内设一道快速闸门、一道检修门槽。引水隧洞上平段、斜井段、下平段均采用圆形断面，压力钢管在厂房上游边墙外设锥管段，与厂内明管段相接。

地面厂房布置在左岸，位于拦河坝与苏洼龙沟之间，厂区建筑物主要包括主机间、安装间、主变开关楼、尾水副厂房、中控楼和尾水渠等。主厂房平行于河道布置，安装 4 台水轮发电机组，单机容量为 300MW；主变开关楼位于主厂房上游侧；尾水副厂房位于厂房下游侧；中控楼位于安装间上游。进厂公路沿河道从厂房下游进厂，厂区路面高程为 2400.00m。电站高压配电装置布置在主变开关楼内，采用 GIS 形式，出线场布置在主变开关楼屋顶。

14.1.3 BIM 技术应用依据

北京院通过近 10 年的研究和积累，目前已拥有较为完善的三维数字化协同设计生产组织和管理体系：建立了以项目为中心、专业为基础、信息与数字工程中心为技术保障的矩阵式生产组织架构，制定了三维协同设计工作流程，职责明确、分工合理、逻辑正确。北京院通过项目生产实践总结，将国家、行业及企业的设计规范、标准、规则和知识融入到 BIM 设计中，发布了一系列企业级三维管理文件（见表 14.1-1），规范设计过程，实现知识复用，提高设计效率。北京院为推动 BIM 设计工作，建立了实施保障机制，出台了一系列三维考核标准，建立了完善的奖惩机制。通过项目上设置数字化专职副设总和定期组织三维软件培训、三维认证考试，为 BIM 设计提供技术支撑。

表 14.1-1　　　　　　　　　　**BIM 设计体系文件汇总表**

序　号	标　准　名　称	标　准　编　号	备　注
1	三维设计生产组织与流程管理规定	GL/07-12—2017	已修订发布
2	三维协同设计平台管理办法	GL/07-13—2017	已修订发布
3	水电工程项目三维设计出图分类管理规定	GL/07-14—2017	已修订发布
4	Vault 模型库管理规定	GL/07-15—2017	已修订发布
5	勘测三维设计作业管理规定	GL/07-18—2017	已修订发布
6	枢纽系统三维设计作业管理规定	GL/07-19—2017	已修订发布
7	厂房系统三维设计作业管理规定	GL/07-20—2017	已修订发布
8	水电工程项目三维模型设计深度等级规定	GL/07-22—2017	已修订发布

14.2　项目 BIM 应用策划

14.2.1　BIM 应用目标

在常规水电工程设计中，存在着很多设计的难点问题，运用 BIM 技术可以解决或部分解决相应的问题，具体如下：

（1）天然地形地貌复杂，通过 BIM 技术可以高精度还原，以三维可视化的形式展现，方便对现场情况不熟悉的设计人员直观、全面地了解工程情况，从而进行枢纽布置方案的设计。

（2）由于项目前期对地下地质情况只能根据有限控制条件（钻孔、探洞等）进行判断得出，导致地质条件在后期需要不断进行修正调整。运用 BIM 技术将 BIM 模型与数据资料关联，根据数据的调整更新，动态进行调整。

（3）枢纽区开挖设计因地质条件复杂，工作量大，开挖面复杂。另外，涉及设计专业较多，交叉部位还需要进行联合开挖设计。开挖设计与建筑物体形设计还需要配合，如大坝、围堰等体形设计与开挖设计结合得更加紧密。

（4）枢纽建筑物依地形地质条件设计，多为非标准异形结构，结构体形设计复杂。通过 BIM 技术进行三维可视化设计，可以使结构复杂部位直观形象地表现出来，方便设计人员进行方案调整和优化。

14.2.2　BIM 总体思路及解决方案

（1）水电工程 BIM 设计总体框架。根据 Autodesk 软件平台的功能，结合水电工程的特点，将项目分为地质、枢纽、厂房、施工 4 个子系统。地质子系统主要以 Civil 3D 软件为主，建立测量地质专业三维模型，并进行各专业开挖设计；枢纽子系统主要以 Inventor

软件为主，建立枢纽布置中各专业建筑物模型，进行结构体形设计；厂房子系统主要以
Revit 软件为主，建立厂房内部土建结构、机电设备、建筑装修模型，进行结构、管路、
设备布置设计；施工子系统主要以 Infraworks 软件为主，建立和集成施工总布置中各种
建筑物、施工场地、设施模型，进行场地布置设计。各子系统均在统一的 Vault 协同平台
上进行数据交互，在 Navisworks 软件中进行项目整体模型整合，进行三维可视化校审、
碰撞检查、进度模拟等工作。借助 Navisworks、BIMe 云平台进行数字化移交，并在
BIMe 云平台上开展项目参见各方的信息共享与协同工作。水电工程 BIM 设计总体框架如
图 14.2-1 所示。

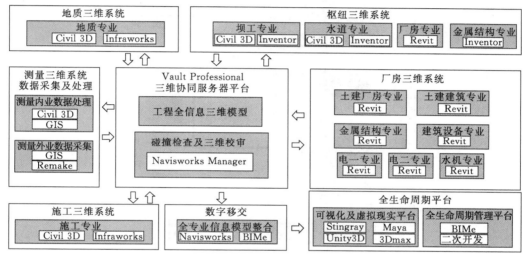

图 14.2-1　水电工程 BIM 设计总体框架图

（2）枢纽子系统解决方案。在枢纽子系统中，首先，地质专业通过 Civil 3D，建立三
维地质模型；其次，枢纽各专业引用三维地质模型，在 Civil 3D 中对各专业建筑物进行布
置，建立建筑物的控制点、轴线、高程等控制信息。同时，各专业在 Civil 3D 中进行建筑
物相关部位的开挖设计。然后，各专业在 Inventor 中根据 Civil 3D 的控制信息建立各建筑
物模型，最后通过 Inventor 的装配功能，依据总体骨架控制信息进行整体模型的整合，
最终在 Navisworks 中形成枢纽系统三维模型。各专业协同工作均在 Vault 协同平台上实
现。枢纽子系统 BIM 软件配置如图 14.2-2 所示。

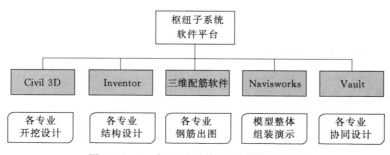

图 14.2-2　枢纽子系统 BIM 软件配置图

14.3 项目 BIM 应用实施

14.3.1 枢纽布置总体流程

枢纽布置总体流程如图 14.3-1 所示。

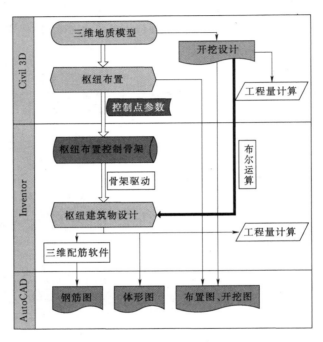

图 14.3-1 枢纽布置总体流程图

（1）由勘测专业在 Civil 3D 中初步建立三维地质模型，提供给下序专业使用。

（2）水工各专业根据勘测专业提供的初步三维地质模型，在 Civil 3D 中对水工建筑物进行布置，建立水工建筑物的控制点、轴线、高程等骨架控制信息。

（3）水工各专业根据建立的骨架控制信息，在 Inventor 中建立各建筑物模型，初步建立枢纽三维模型。

（4）施工、金属结构等下序专业根据初步枢纽三维模型，在 Inventor 中建立各自专业的三维模型。

（5）枢纽各专业在 Civil 3D 中进行开挖设计。

（6）各专业分别形成本专业最终的三维模型，最后进行整体模型的整合，形成枢纽系统三维模型。

（7）各专业根据本专业和枢纽系统三维模型进行二维出图。将模型导入三维配筋软件进行钢筋图的出图工作。

（8）以上所有步骤的工作均在 Vault 协同平台上进行，各专业 BIM 设计数据均实时在平台上与其他专业进行协同。

14.3.2 开挖设计

在枢纽区子系统中，多数专业均涉及开挖设计，开挖面空间形态复杂，不同专业间需要进行联合开挖设计。枢纽开挖设计流程如图 14.3-2 所示。

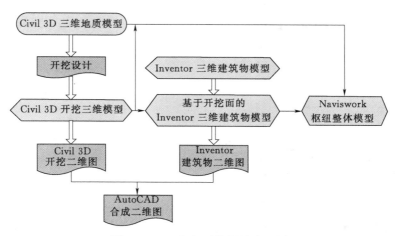

图 14.3-2 枢纽开挖设计流程图

根据流程图，枢纽开挖设计具体步骤如下：

（1）根据地质专业提供的 Civil 3D 三维地质模型，建立建筑物及开挖的控制坐标系统，形成整体骨架。

（2）在 Inventor 中进行建筑物三维设计，在 Civil 3D 中进行开挖三维设计。

（3）将 Civil 3D 中建立的开挖三维模型导入到 Inventor 三维建筑物模型中，形成基于开挖面的 Inventor 三维建筑物模型。

（4）在 Civil 3D 中，将开挖面模型与地质模型进行整合，形成地质开挖模型。

（5）在 Naviswork 中，将 Civil 3D 中的地质开挖模型与 Inventor 中的建筑物模型进行整合，形成最终的整体建筑物模型。

（6）在 AutoCAD 中，将 Civil 3D 中的开挖二维图与 Inventor 中的建筑物二维图进行整合，形成最终的图纸。

14.3.3 枢纽建筑物结构设计

枢纽建筑物的结构设计采用 Inventor 软件进行，根据软件的建模特点，结构设计的总体思路可分为两种：第一种是自上而下，以装配为设计中心的方式；第二种是自下而上，以零件为设计中心的方式。有时根据需要，也会将两种方式进行混合使用。两种建模方式如图 14.3-3 所示。

在第一种方式中，先建立整体装配文件和整体骨架信息，再创建子装配和零件，各级子装配和零件的空间位置关系根据上一级骨架信息进行定位，最终形成整体模型，并根据模型进行二维工程图的创建工作。

在第二种方式中，先建立各个单体零件的模型，再根据各个连体零件的相对空间位置关系进行装配，形成上一级装配文件，以此类推，最终形成多级装配的整体模型，同样根据模型进行二维工程图的创建工作。

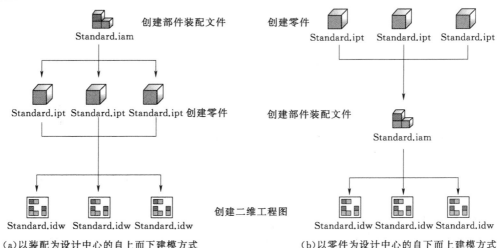

图 14.3 - 3　Inventor 建模方式图

两种模型创建思路的不同点在于是先有基础零件还是先有整体装配。在枢纽布置中，整体布置方案采用第一种方式进行，各个单体建筑物根据自身特点可自由选用两种方式进行。

14.3.4　布置方案选择

在枢纽布置方案选择上，通过 BIM 技术进行各方案的布置设计，进而通过三维可视化的整体枢纽模型进行方案比较，再结合各方案的工程量计算，优选推荐方案。

枢纽布置方案的选择主要包括坝址选择、坝型坝线选择、进水口位置选择、输水线路选择和厂房位置选择等。主要进行的设计工作包括各枢纽建筑物的开挖设计和体形结构设计。

开挖设计如 14.3.2 节所讲，在 Civil 3D 三维地质模型上进行设计，建立各方案开挖模型。在每个方案位置微调的过程中，可以移动或者转动，更新模型并实时测量边坡开挖高度，控制边坡开挖高度也是方案选择的一个重要因素；另一个因素是开挖工程量，开挖工程量由三维模型体积直接测量得出；三维模型中边坡三维表面积也可以直接测量得出，相应的支护量即可使用单位面积工程量乘以边坡三维表面积得出。

结构设计如 14.3.3 节所讲，在 Inventor 中建立各方案各建筑物的体形模型，通过参数化控制，可以关联调整各方案模型进行优化修改，从而通过测量模型体积得出方案对比的工程量。

坝线选择方案三维图如图 14.3 - 4 所示。

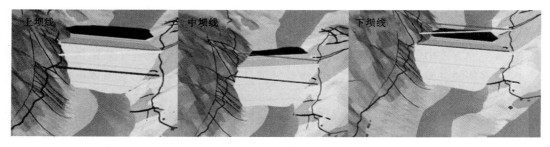

图 14.3 - 4　坝线选择方案三维图

14.3.5 金属结构设计

金属结构设计采用 Inventor 软件进行，由于金属结构设计的特点是标准化程度高，故利用 BIM 软件进行设计可以实现设计模版化。金属结构专业 Inventor 设计思路如图 14.3－5 所示。

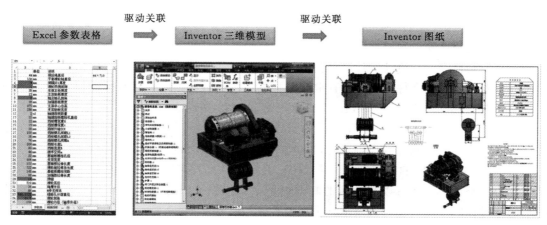

图 14.3－5　金属结构专业 Inventor 设计思路图

根据设计思路，金属结构设计具体步骤如下：

（1）将枢纽布置的整体信息作为金属结构专业的设计输入条件。

（2）根据输入条件，在 Execl 中进行相关设计计算，得出结构设计参数。

（3）根据设计参数进行装配和零件设计，形成整体模型。

（4）根据模型进行图纸的布置、标注、工程量计算等出图工作。

（5）对模型进行归纳总结，形成标准化模版，方便后续工作重复使用。

14.3.6 施工设计

在枢纽布置方案中，施工设计的工作主要包括施工导流建筑物设计、场内交通设计、料场渣场布置、施工工厂及营地布置等。施工专业 BIM 设计流程如图 14.3－6。

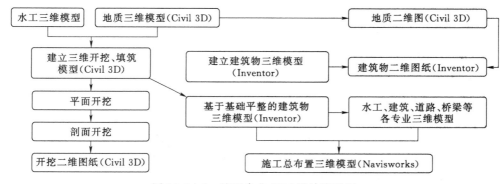

图 14.3－6　施工专业 BIM 设计流程图

施工专业 BIM 设计流程与水工专业类似，同样有开挖设计与结构设计两种，具体内容可参考 14.3.2 节和 14.3.3 节。相比较水工专业，施工专业的设计除考虑地质专业的接

口资料外，还需考虑水工专业。另外，施工专业还增加了道路、桥梁、施工场地等设计。

当施工专业完成开挖和结构设计后，还要进行施工组织设计，利用 Naviswork 软件可将枢纽各专业模型进行整合，并对模型赋予时间属性，将施工进度计划与模型相关联，实现施工总进度 4D 可视化模拟。

14.3.7　多专业协同设计

苏洼龙水电站枢纽 BIM 协同设计采用 Vault 协同设计平台，实现设计成果的统一存储和各专业统一关联引用。

（1）数据存储。在协同设计平台上，统一建立项目管理的目录结构，包括项目、设计阶段、各专业等多级文件夹，分别存储相对应的各种项目数据，并对数据进行版本管理。

由于 Civil 3D 软件在与 Vault 平台进行协同时需要建立一个专门的数据库文件结构（在文件夹下对应生成一个"Civil 3D 数据"的目录节点），因此，各个设计阶段的文件夹均通过 Civil 3D 软件客户端建立，这样 Civil 3D 软件会自动在设计阶段文件夹下生成一个"Civil 3D 数据"的目录结构，供 Civil 3D 软件在协同共享文件时使用。

在协同平台上，还可以将项目的其他电子文档，如 Office 文档、图片、视频等按照一定的分类标准存储在项目目录下，供项目人员随时查阅。

（2）平台权限。根据项目人员配置情况，对项目各级文件夹进行读、写、删除等不同权限的设定，既满足项目数据协同的需要，又能保证数据的安全（如误删除、非项目人员可以下载等）。

协同平台管理员根据项目部提供的项目人员清单，按照在项目上的角色分工，分别在项目、设计阶段、各专业等文件夹目录上定义权限，具体如下：

1）项目及相应专业部门管理人员对项目均有读取的权限，无写入、删除权限。

2）各专业设计人员对本专业目录有读、写、删除的完全控制权限，对其他文件夹仅有读取权限。

3）项目所有人员对项目公共资料文件夹均有读取和写入权限，满足项目成员之间的资料共享需求。

4）项目管理人员对项目各级文件夹拥有读、写、删除的完全控制权限，用于维护工作。

5）其他专项用途文件夹根据用途进行设定。

（3）数据协同。在 Vault 平台上进行数据协同，各个软件根据其自身特点，均有不同的协同方式。

1）Civil 3D。通过 Civil 3D 软件生成的地质模型及各专业开挖模型均为 Civil 3D 曲面对象，在 Vault 协同平台上检入模型时，会自动识别总体模型中的各个 Civil 3D 曲面对象，并在 Vault 协同平台中"Civil 3D 数据"的目录节点下对应生成每一个曲面对象的节点。各专业在进行设计时，根据需要均可以通过这些节点单独引用每一个曲面对象进行协同关联，当整体模型更新后，每一个曲面对象也随之更新，其他设计模型通过关联引用的曲面对象也会提示需要更新，设计人员手动更新后，再根据更新的结果调整本专业的设计方案。

2）Inventor。Inventor 模型的协同是通过自身的衍生功能，即对需要关联的模型通过衍生，将参考模型中的设计草图、实体、参数等均可以进行关联，当参考模型发生修改时，衍生的相关数据也随之同步更新。通过 Vault 协同平台，主要解决参考模型共享路径的问题，将所有模型统一存储，相互引用的路径保持不变，并能根据设计工作的推进，管理模型不同时期的各种版本。

14.3.8　枢纽建筑物整合

枢纽各专业局部设计完成后，由牵头专业将枢纽总体模型进行整合。整合采用 Navisworks 软件进行，通过 Navisworks 软件，可以将 Civil 3D 软件生成的地质模型和开挖模型和 Inventor 软件生成的各个枢纽建筑物的模型进行总装，模型在导入的过程中，Navisworks 软件会对各设计软件模型进行轻量化，使枢纽整体模型运行更加流畅，降低对硬件的要求。

另外，Navisworks 软件的总装模型可以保存为两种不同形式：一种是扩展名为.nwf 的格式，这种格式的总装模型是一种链接形式，打开时需要读取 Civil 3D 和 Inventor 软件的模型文件，并保持关联，当修改 Civil 3D 和 Inventor 软件的模型时，总装模型也随之同步更新；另一种是扩展名为.nwd 的格式，这种格式的总装模型会将轻量化后的模型进行存储，与 Civil 3D 和 Inventor 软件的原始模型不保持关联，也不需要再读取它们。前一种格式可用来在整个设计过程中使用，保持模型关联，不断同步更新。后一种格式可作为一种阶段性成果输出使用，或作为向外部单位做数字化移交使用。

14.3.9　三维钢筋出图

将 Inventor 软件生成的结构模型导入三维配筋软件中（其他格式的三维模型均可以导入此软件），再根据计算得出的配筋参数进行三维配筋，最后将三维钢筋模型通过在 AutoCAD 上开发的插件一键导入，自动生成各个钢筋剖面及钢筋标注参数、钢筋图中的钢筋表及材料表，且数据保持关联，三维钢筋模型更新后，AutoCAD 中的钢筋图通过再次导入，可同步刷新。另外，在钢筋视图中所做的后期调整工作，不会随着同步刷新而回到原位，进一步减少了重复劳动的工作。

14.4　实施保障措施

（1）项目 BIM 设计工作完全在北京院的总体管理体系下进行，严格遵守 14.1.3 节中各项管理文件的规定及要求，严格执行 3.3.3 节中的各项企业级 BIM 实施保障机制。

（2）项目在进行 BIM 设计工作之前，进行了项目 BIM 工作策划，召开了相应的会议，共同制定工作内容和计划，确保工作内容和时间进度的可操作性，将各项工作分解到人，明确了职责分工和进度目标。

（3）在具体模型设计正式开展之前，根据北京院管理文件的规定，制定了适用于该项目的 BIM 实施标准，包括项目文件分类、文件命名、模型单位和坐标、模型划分与命名、模型色彩、模型使用的软件版本等。

（4）在项目执行过程中，坚持例会制度。根据需要定期召开例会，协调解决专业间协同的问题，并检查各专业模型质量和进度。

14.5 BIM 应用成果

（1）通过 Civil 3D 软件建立枢纽地质模型，成果如图 14.5-1 所示。

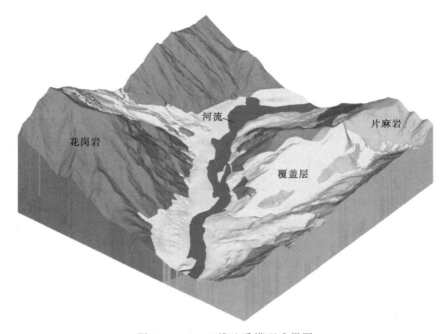

图 14.5-1　三维地质模型成果图

（2）通过 Civil 3D 软件进行各专业开挖设计，成果如图 14.5-2 和图 14.5-3 所示。

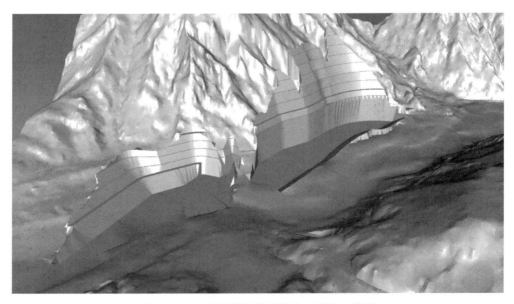

图 14.5-2　溢洪道和导流洞出口开挖三维图

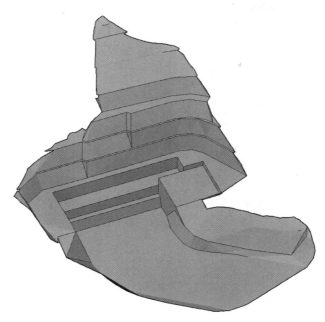

图 14.5-3　厂房开挖三维图

（3）通过 Inventor 软件进行各专业建筑物体形设计，成果如图 14.5-4～图 14.5-9 所示。

（4）金属结构专业通过 Inventor 软件进行本专业拦污栅、闸门、启闭机、门机等设计，成果如图 14.5-10 所示。

（5）施工专业通过 Civil 3D 和 Inventor 软件进行本专业围堰、导流洞等设计，成果如图 14.5-11 和图 14.5-12 所示。

（6）利用 Navisworks 软件进行枢纽模型总装，利用 VR 虚拟仿真技术增强后期渲染效果，模拟水流、光照等物理特性，成果如图 14.5-13～图 14.5-15 所示。

（7）利用三维配筋软件生成三维钢筋模型及二维钢筋图，成果如图 14.5-16 和图 14.5-17 所示。

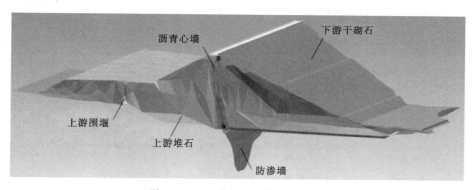

图 14.5-4　大坝三维模型成果图

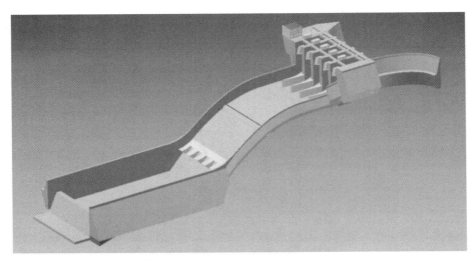

图 14.5-5　溢洪道三维模型成果图

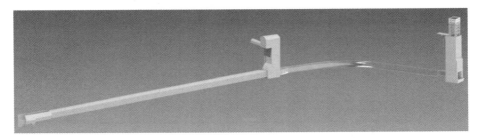

图 14.5-6　泄洪放空洞三维模型成果图

图 14.5-7　挡水、泄水建筑物整体三维模型成果图

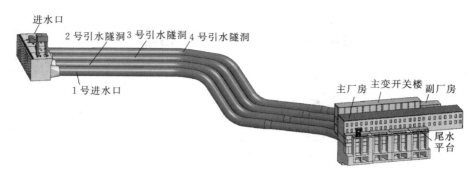

图 14.5-8　引水发电系统三维模型成果图

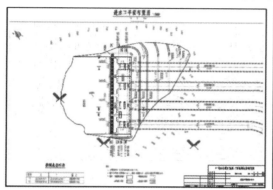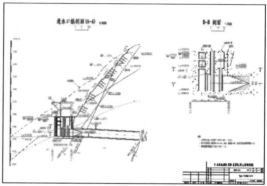

图 14.5-9　进水口布置图

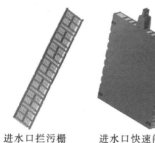

　进水口拦污栅　　　进水口快速闸门　　溢洪道检修闸门　　　泄洪洞工作闸门　　　尾水检修闸门

图 14.5-10　金属结构三维模型成果图

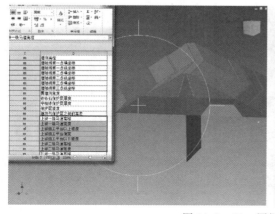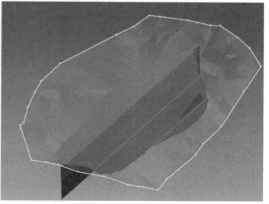

图 14.5-11　围堰三维模型成果图

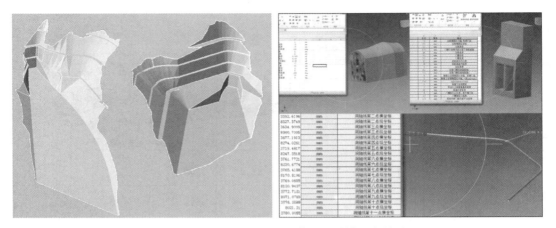

图 14.5-12 导流洞开挖及体形三维模型成果图

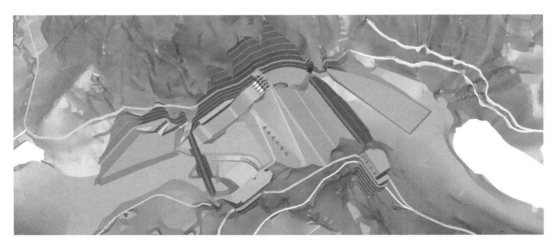

图 14.5-13 枢纽总装 Navisworks 三维模型成果图

图 14.5-14 枢纽总装 VR 效果图

图 14.5-15　进水口及厂房 VR 效果图

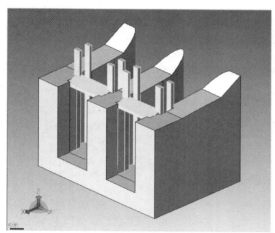
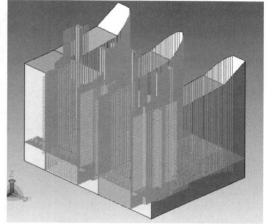

图 14.5-16　导流洞三维钢筋模型

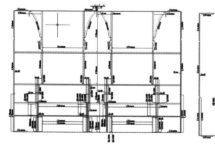
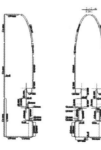
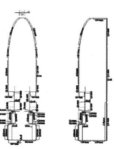

图 14.5-17　导流洞二维钢筋图

14.6　BIM 应用总结

该工程通过枢纽 BIM 协同设计与应用，提高了设计质量和效率，取得了如下效益：

（1）各专业设计均在统一的 Vault 协同平台上实时交互，保证了数据的唯一性和及时性，有效避免了重复的专业间提资，减少了信息传递差错，提高了设计效率和质量。各专业数据共享、参照及关联，能够实现模型更新实时传递和并行设计，极大地节约了专业间配合时间和沟通成本。

（2）图纸可根据 BIM 模型快速剖切生成，并且模型与图纸保持联动，避免了修改内容在某些图纸中被遗漏的情况，有效保证了设计的质量，提高工作效率 30％，减少返工工作量 50％。

（3）通过 BIM 模型，可快速提取工程量，高效精确，减少了人工统计偏差，并且工程量与模型、图纸等其他信息关联，提高工作效率 50％以上。

（4）BIM 模型的可视化漫游和多角度审查，提高了设计方案的可读性和项目校审的精度。相比之下，传统二维表达对结构交叉布置重叠区无法反映复杂位置关系。

（5）通过项目应用不断累积和丰富参数化模型库，实现了类似项目的设计复用，提高了工作效率和质量。在前期阶段可提高工作效率约 50％，在施工阶段可提高工作效率约 35％。

（6）通过 BIM 模型进行设计交底，可有效提高工程参建各方之间的沟通效率。BIM 模型可快速生成三维视图，结合平、立、剖面，能更明确地表达设计意图，避免因图纸理解错误造成的现场返工。

第 15 章

黄藏寺水利枢纽设计施工 BIM 技术综合应用

【单位简介】

黄河勘测规划设计有限公司（以下简称"黄河设计公司"）始建于 1956 年，拥有工程设计综合甲级资质，同时可以承揽施工总承包（施工专业承包）一级资质证书许可范围内的工程总承包（施工专业承包）业务。拥有 130 多项国家专利，先后荣获多项国家级科技进步奖和省部级科技进步奖。

【BIM 开展情况】

2010 年，黄河设计公司组建专业团队正式开展基于 CATIA V5 的三维水电设计研发工作，在不到两年的时间里实现了水电工程设计全专业的三维应用。编制出台了一系列三维技术标准和协同设计作业程序，并于 2014 年组织进行系统性生产应用。在几年的应用过程中，开发了一系列标准模板库、水电专属小工具，同时向地下空间利用、轨道交通等其他专业领域不断拓展。2016 年，黄河设计公司在"龙图杯"全国 BIM 大赛、中国建设工程 BIM 大赛等赛事中获得多个奖项。

15.1 案例概述

15.1.1 应用综述

BIM 研究最初是在建筑工程领域，相关的理论及软件都较为成熟，由于水利工程区别于一般的建筑工程，其 BIM 研究及应用并没有像建筑工程那样普遍、成熟。

水利工程设计选型独特，设计图纸信息繁多，需要专业人员解析才能获得工程三维形态，且图纸修改过程复杂，设计人员协同困难，使得设计周期增长，设计质量难以控制，BIM 作为一种集成建筑完整数字化信息的三维框架，能够实现水利工程可视化查询和设计的关联修改。

水利工程施工技术复杂，施工人员整体素质较低，工程质量难以保证，运用 BIM 技

术对关键节点进行施工放样，能有效指导现场工人科学有序施工，从而提高工程质量，减少返工，缩短工期，便于施工交底和后期的运行管理。

再者，水利工程地形条件复杂，在施工前期需要大量的挖、填土石方，土石方量计算是否精确关系到水利工程最终造价是否准确。运用 BIM 技术对水利工程进行地形和相关建筑物的建模，实现水工建筑物可视化查询和关键节点质量控制、简化施工总布置优选过程，同时，在此过程中完成快速精确计算土石方量，使工程管理与信息技术高度融合，对于提高水利工程信息化率，方便后期运行管理具有重要意义。

在水利工程中，主流的 BIM 软件主要有 Autodesk 系列、Bentley 系列和 Dassault 系列软件，该案例主要是利用 Dassault 系列软件对水利工程的 BIM 应用进行研究。

15.1.2 工程概述

黄藏寺水利枢纽坝址位于黑河上游东、西两岔交汇处以下 11km 的黑河干流上，距青海省祁连县县城约 19km，是国务院部署的 172 项重点水利工程之一。

为满足工程的开发任务，并结合所选坝址区地形地质条件，工程选择碾压混凝土重力坝作为挡水建筑物，同时在坝身布置了放水、泄洪及发电引水建筑物。电站厂房布置在重力坝发电引水坝段下游，溢流坝段右侧。电站为坝后式地面厂房，采用"一机一管"布置，电站尾水通过尾水渠排入主河道。

项目总投资为 285160 万元，水库总库容为 4.03 亿 m^3，最大坝高为 123m，年供水总量为 10.7 亿 m^3，灌溉面积为 182.69 万亩，装机容量为 49MW，多年平均年发电量为 2.03 亿 kW·h，工程规模属于二等大（2）型。

黄藏寺水利枢纽是"设计—施工—采购"EPC 总承包项目，该项目特点使 BIM 在设计及其管理、施工及其管理阶段具有延续性。

15.2 项目 BIM 应用策划

黄藏寺水利枢纽 BIM 应用目标是探索出一套成熟的、贯穿全阶段的水利工程 BIM 实施方案，并以此作为标杆推广至所有的水利工程。

在设计阶段采用 BIM 解决一系列技术难题，如坝型比选、高边坡开挖、有限元分析等。除此之外，设计 BIM 为后期的施工 BIM 提供基础素材。在施工阶段，将项目管理人员从诸多的会议中解脱出来，开发 BIM 综合管理平台及相关的移动端应用。

15.3 项目 BIM 应用实施

15.3.1 BIM 技术应用综述

黄藏寺水利枢纽 BIM 设计主要采用 Dassault 系列的 CATIA 产品，2006 年，国内水电勘测设计行业开始引进 CATIA 软件，其应用发展历程经历了水利水电工程 3D 可视化、水利水电工程参数化建模、水利水电工程骨架设计和知识工程模板设计、水利水电工程 VPM 多专业协同设计等 4 个阶段。

黄藏寺水利枢纽设计阶段 BIM 应用主要有以下 4 个方面：

（1）BIM 设计平台。CATIA 软件的功能强大，但是如果每个工程都从头到尾进行建模，往往会带来效率低、易出错、标准不统一等问题。该项目通过对 CATIA 环境进行二次开发，解决了自由切换不同的项目资源库和标准构件库的难题，大大提高了设计效率。同时，通过对设计辅助工具、流程设计工具以及 BIM 设计标准的集成，方便了设计人员通过统一入口查看相关资料，调用相关工具进行设计，根据 BIM 标准进行 BIM 设计，如图 15.3-1 所示。

图 15.3-1　BIM 设计平台

（2）协同设计。在设计工作中，最能体现 BIM 设计优越性的就是基于 BIM 模型的协同设计模式。在黄藏寺水利枢纽设计过程中，协同设计采用了基于文件的协同（CATIA V5＋Projectwise），协同技术路线如图 15.3-2 所示。

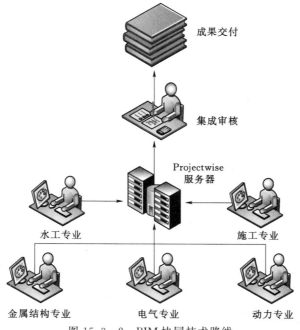

图 15.3-2　BIM 协同技术路线

（3）多层次的参数化设计。在黄藏寺水利枢纽设计过程中，分别采用了参数化模型、参数化模板库和流程化设计3种技术，设计效率逐级升高，如图15.3-3所示。

1）参数化模型。依托多年来在CATIA V5上的深入研究，黄藏寺水利枢纽前期模型均采用基于参数化骨架的正向建模方式，通过参数调整就可快速对方案进行修改。

2）参数化模板库。借助多年积累的参数化模板库，实现了重力坝、厂房、施工导截流、道路等建筑物的快速建模。

3）流程化设计。以厂房为例，为了快速进行方案比选和工程量统计，通过进一步整合设计流程和模板技术，借助编程语言和CATIA开放的API，通过二次开发实现了基于流程的厂房设计辅助软件，通过输入厂房的位置参数和几何参数生成模型，实现了厂房的快速建模、参数输出及工程量统计等功能，通过生成的参数文档也可反向驱动模型的修改。

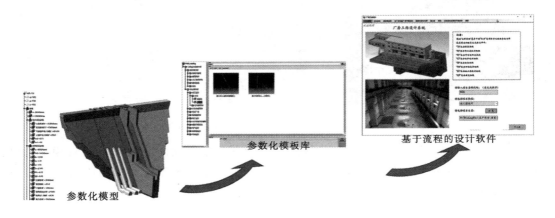

参数化模型　　参数化模板库　　基于流程的设计软件

图15.3-3　多层次参数化设计

（4）BIM产品交付管理。作为总承包项目，在该项目执行过程中，交付管理主要分为两个方面：①面向下序专业的设计交付；②面向业主和施工单位的外部交付。

15.3.2　BIM设计全阶段应用

通过基于三维体系文件规定的详细BIM设计交付流程和BIM成果交付标准，实现了基于BIM模型的设计交付流程，满足了上、下序专业对于数据共享和设计延续性的要求。另外，通过与交付流程相契合的BIM出图及模型交付，并结合后期BIM专项应用，为业主提供了专业的符合行业规范要求的BIM成果交付，如图15.3-4所示。

通过以上几个方面的BIM技术应用，黄藏寺水利枢纽设计在全阶段、全专业都取得了显著的效果。

在可行性研究阶段，BIM技术应用主要着眼于帮助设计工程师完成项目规模和坝址坝型的比选工作，并将设计工程师的总体设计理念体现在BIM模型中。利用BIM技术实现了地形地质三维数字化、基于骨架的多坝址比选、库容统计、不同水位下的库容比较、不同坝址的不同坝型比较、工程量统计、设计出图等工作，如图15.3-5所示。

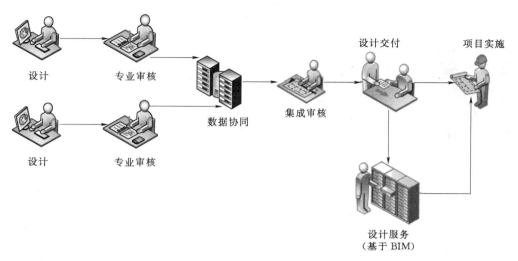

图 15.3-4　BIM 产品交付管理

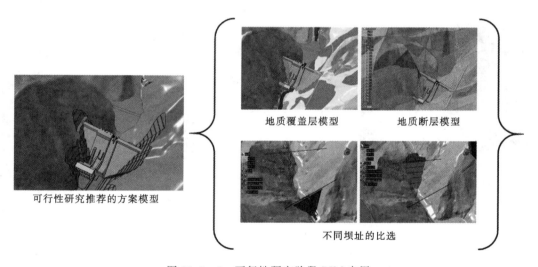

图 15.3-5　可行性研究阶段 BIM 应用

　　在初步设计阶段，BIM 技术应用主要着眼于帮助设计工程师完成坝址比选工作，并将各方案的优劣通过直观的图形和 BIM 数据体现出来。利用 BIM 技术实现了坝型的比选，引水发电系统采用取水口取水和坝后引水方案的比选，厂房采用地下式厂房、地面厂房和坝后式厂房方案的比选，以及工程量统计、报告附图、渲染效果图等相关成果的输出，如图 15.3-6 所示。

　　在施工详图设计阶段，BIM 技术应用的要点在于对所有的模型进行细化，以保证工程出图的需要，并探索数字化移交的可行性。利用 BIM 技术实现了各专业的直接出图，通过细化的模型成果，实现快速出图，如图 15.3-7 所示。

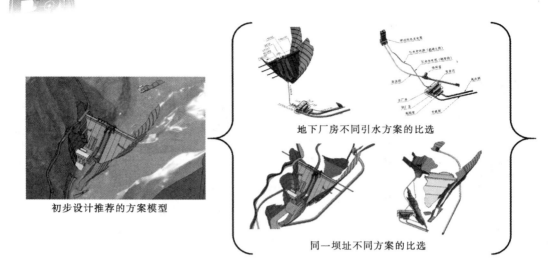

地下厂房不同引水方案的比选

初步设计推荐的方案模型

同一坝址不同方案的比选

图 15.3-6　初步设计阶段 BIM 应用

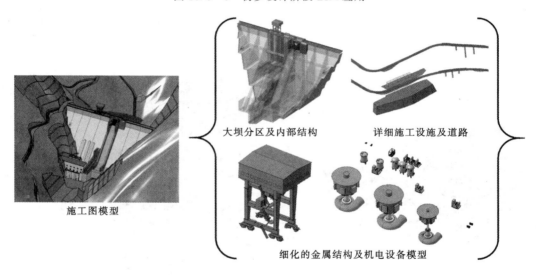

大坝分区及内部结构　　　详细施工设施及道路

施工图模型

细化的金属结构及机电设备模型

图 15.3-7　施工详图设计阶段 BIM 应用

15.3.3　BIM 设计全专业应用

　　黄藏寺水利枢纽设计涉及测绘、地质、坝工、厂房、施工、电气、金属结构、动力等多个细分专业，为解决设计的专业间协同，全阶段使用了基于 Dassault 系列软件的正向协同设计手段。

　　地质专业基于 ItasCAD 与 CATIA 的数据接口研究，实现了两个软件的双向互导，打通了地质与水工专业的数据链条。利用 CATIA 强大的曲面建模特性，结合地质数据，快速构建三维地质模型，如图 15.3-8 所示。

　　水工与施工专业作为该项目的重点，在坝工、厂房、导截流、施工总布置等细分专业中，BIM 模型的细节随着阶段的推进，不断深化，真正实现了 BIM 模型的连续性，如图 15.3-9 所示。

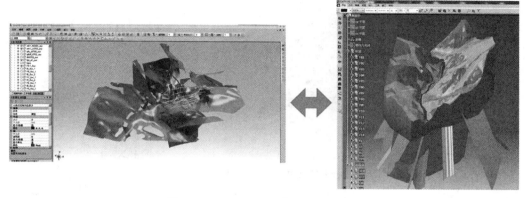

图 15.3 - 8　ItasCAD 与 CATIA 互通

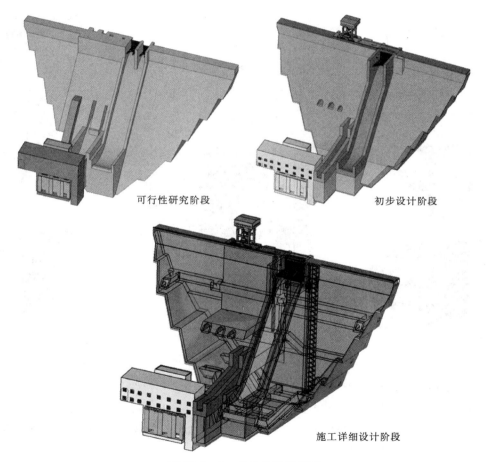

可行性研究阶段

初步设计阶段

施工详细设计阶段

图 15.3 - 9　水工全阶段模型

　　水机与电气设计在前期阶段，通过与厂房专业的协同设计，极大地提高了设计速度和设计效率，如图 15.3 - 10 所示。

　　金属结构专业采用 CATIA 专业模块，通过与坝工、厂房专业的配合，打造加工精度专业模型，如图 15.3 - 11 所示。

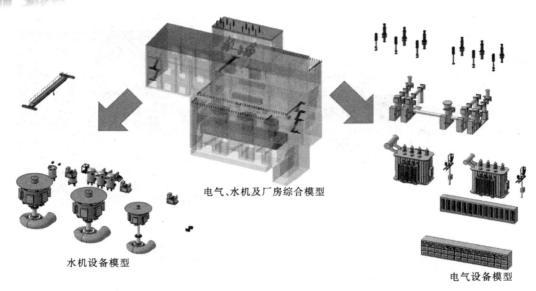

电气、水机及厂房综合模型

水机设备模型

电气设备模型

图 15.3 - 10　水机、电气及厂房的协同设计

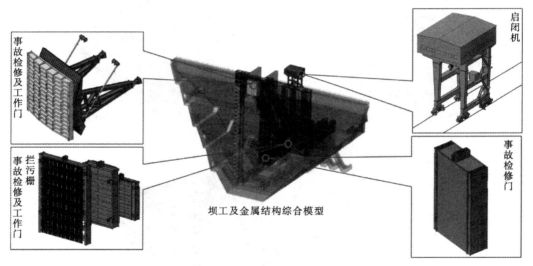

事故检修及工作门

拦污栅事故检修及工作门

坝工及金属结构综合模型

启闭机

事故检修门

图 15.3 - 11　金属结构与水工的协同设计

15.3.4　施工阶段 BIM 应用

该项目在施工阶段，基于 CATIA 建模、CATIA Composer Player 二次开发及架设在云端的数据库开发完成了 BIM 应用综合管理平台，如图 15.3 - 12 所示。平台开发采用 Visual Studio. Net 2013，采用面向对象的设计方法，利用设计软件及其展示软件开放的 API，对其已有的功能进行扩展，更好地服务于项目需求，定制专有交互菜单。

平台实现了进度计算、实际进度输入、虚拟建造、偏差分析、模型剖切、BIM 信息关联、物联网监测、动态实时汇报、设计变更管理等九大功能。

（1）进度计算。进度计算是当进度滞后时调整资源，根据边界条件和机械资源配置，重新计算工期，形成新的方案，计算出该方案的工期。当不满足工期要求时重新调整资源

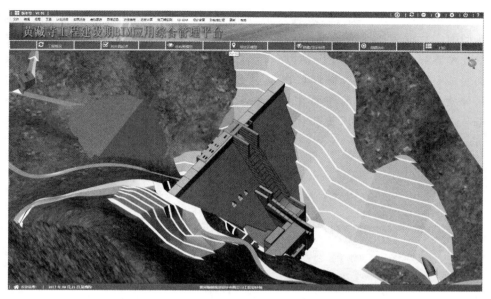

图 15.3－12　平台主界面

配置并重新计算。最终对工期方案进行模拟。

在黄藏寺水利枢纽项目中，主要是针对大坝进行了进度计算，根据碾压混凝土初凝时间、运输机械、碾压机械等条件进行调整，计算出不同方案的工期，计算完成之后对方案进行模拟检验，如图 15.3－13 所示。

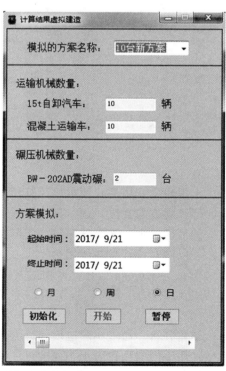

图 15.3－13　进度计算及相应的虚拟建造

（2）实际进度输入。实际进度输入是将实际施工时间数据和异常情况写入数据库对应的模型中，数据驱动模型，用不同颜色在模型上表示不同的施工状态和施工工艺。

在黄藏寺导流洞开挖过程中，以灰色表示隧洞路线，黄色表示开挖完成，绿色表示衬砌完成。实际进度输入模块可以通过数据和模型两种手段及时掌握最新的进度情况；异常记录是将每个工作面在施工过程中遇到的进度异常情况写入数据库，通过单击某工作面可以查询该工作面所有的异常记录，以指导后续施工，如图 15.3 - 14 所示。

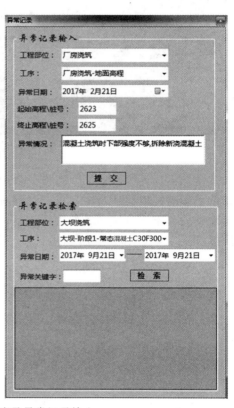

图 15.3 - 14　实际进度及异常记录输入

（3）虚拟建造。虚拟建造可以反复模拟施工过程，让那些在施工阶段可能出现的问题在模拟的环境中提前发生，逐一进行修改，并提前制定相应的解决办法，使进度计划和施工方案达到最优，再用来指导项目的实际施工，从而保证工程项目按时完成。在虚拟建造过程中，可以同时统计材料使用量和机械使用率。

针对黄藏寺碾压混凝土重力坝进行了虚拟建造，模拟材料、机械、进度的信息及状态，提前判断施工干扰，施工时尽量避开这些不利条件，虚拟建造如图 15.3 - 15 所示。

（4）偏差分析。通过实际进度和计划进度对比查看进度偏差（超前和滞后），数据库驱动模型，用不同的颜色表示不同的进度状态。也可以查看未来一段时间计划安排和关键线路等信息，如图 15.3 - 16 所示。

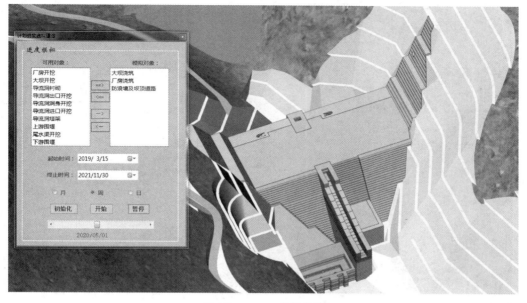

图 15.3-15　虚拟建造

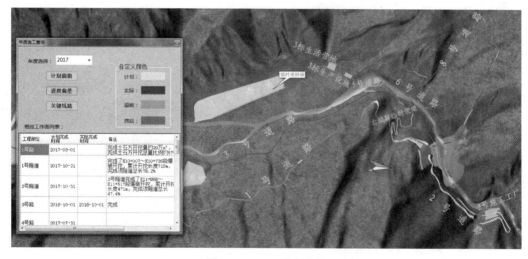

图 15.3-16　进度偏差

（5）模型剖切。通过该功能可以对建筑物进行任意剖切，与相关的二维图纸结合，更容易了解建筑物的内部结构。

通过对黄藏寺混凝土重力坝垂直水流和顺水流方向的剖切，可以直观地看到不同坝段的剖面结构和廊道布置等信息，如图 15.3-17 所示。

（6）BIM 信息关联。将施工工艺、施工图纸、施工质量等 BIM 信息放入网络数据库，并与相关模型关联，单击模型弹出快捷菜单，可查看相关 BIM 信息。

将黄藏寺水利枢纽重要部位如碾压混凝土重力坝的施工工艺视频、图纸等信息放入数据库，通过单击某坝块可查看该坝块的信息，如图 15.3-18 所示。

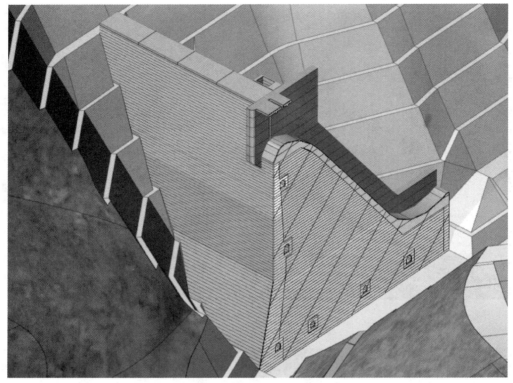

图 15.3 - 17　模型剖切

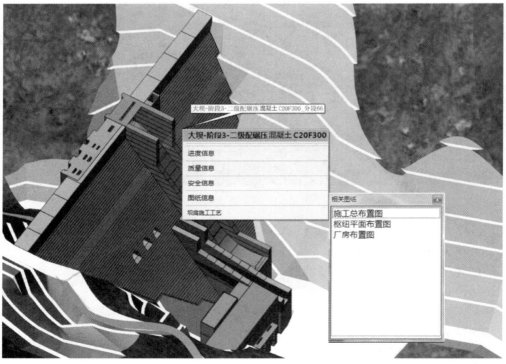

图 15.3 - 18　BIM 信息关联

（7）物联网监测。在 BIM 应用综合管理平台中，用不同的符号表示不同的监测仪器，并在模型相应的位置显示，将施工期监测仪器数据连接至该仪器符号，通过单击每一个仪器查询分析各工程部位的安全性。

在该项目中，对大坝边坡上的多点位移计和位移标点以及坝体内部的渗压计进行实时监测，监测值实时反馈到该平台，当监测值超过设定阈值时报警提醒，如图 15.3-19 所示。

（8）动态实时汇报。当某个工作面有新的动态时，上传相关进度、质量、安全数据及照片，定制对应的视图，上传完成后，通过单击下拉菜单选择某工作面，弹出相应的数据、图片和视频，可大大减少汇报工作量。

黄藏寺水利枢纽作为国务院部署的"十三五"期间 172 项重大水利工程之一，各级领导高度重视，通过该模块可快速实时汇报项目最新进展情况，节约了大量的劳动力和时间成本，如图 15.3-20 所示。

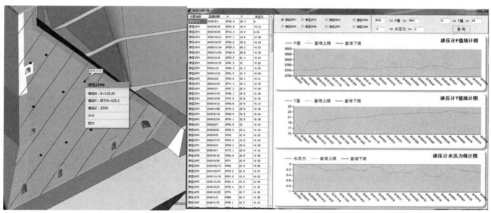

图 15.3-19 物联网监测

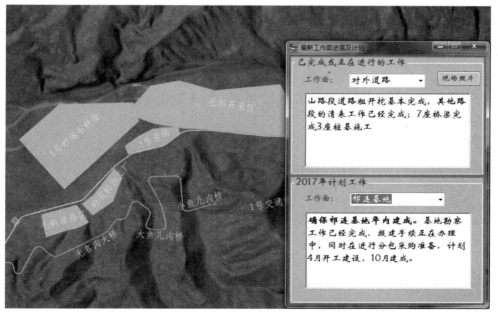

图 15.3-20 动态实时汇报

（9）设计变更管理。通过对模型不同版本的更新控制，在模型上保留多个版本，直观地对比变更前后的模型，并与智慧工地系统的变更管理结合，可以实现变更可视化。

在黄藏寺水利枢纽施工过程中，当出现设计变更时，将变更前后的图纸、变更通知单等放入数据库，同时更新相关模型，通过筛选可直观地查看相关的变更信息，如图 15.3-21 所示。

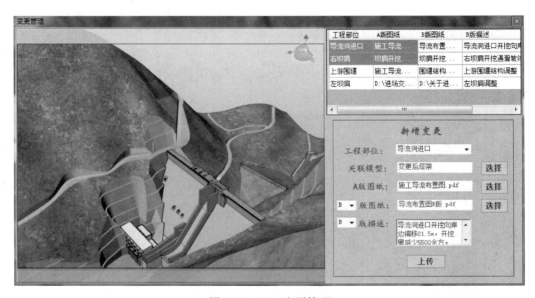

图 15.3-21　变更管理

15.4　实施保障措施

15.4.1　BIM 标准

BIM 实施，标准先行。经过近 10 年的积累，黄河设计公司已编制的 BIM 标准包括《水利水电工程模板入库要求》《水利水电工程机电设备制作及入库要求》《水利水电工程三维设计成果编码标准》《水利水电工程三维建模标准》《水利水电工程二、三维输出图纸产品技术要求》《水利水电工程数字化模型细节层级定义标准》和《水利水电工程机电设备编码细则》等，根据这些标准，在 BIM 实施时做到有据可依，先后在多个工程中成功应用。

15.4.2　项目生产组织架构

黄藏寺水利枢纽项目组织架构及相应的 BIM 组织架构如图 15.4-1 和图 15.4-2 所示。黄河设计公司作为总承包方负责 BIM 的实施，既能够给业主提供最优化的方案，也能够更好地控制管理施工分包商。BIM 领导小组组长由公司领导担任，对 BIM 实施进行整体性把控，BIM 总监由分院院长担任，负责 BIM 团队的组建管理，BIM 项目经理负责BIM 的具体实施。

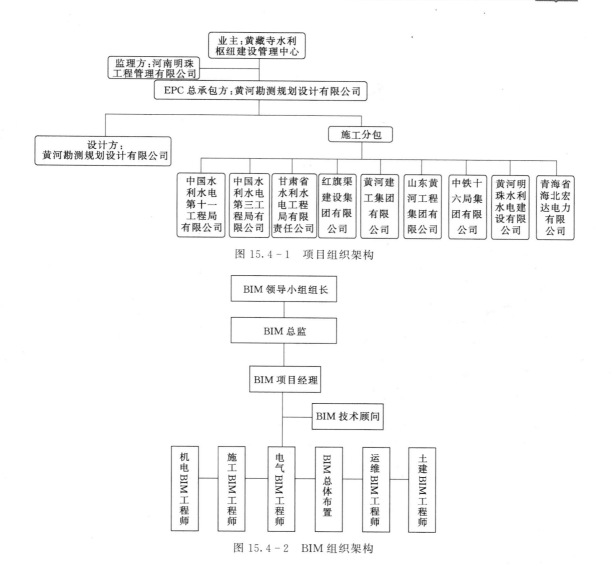

图 15.4 - 1 项目组织架构

图 15.4 - 2 BIM 组织架构

15.5 BIM 应用总结

通过 BIM 技术在设计阶段全专业、全阶段的应用,在工程量开挖、施工总布置优化、机电三维设计等各个方面都取得了显著成果,节省了设计周期及人力物力,设计审查一次性通过,大大提高了设计的效率。

基于 BIM 的应用综合管理平台融合了 BIM 信息、进度信息、进度监控、设计变更等模块,且采用个性化人机交互式,在黄藏寺水利枢纽工程中实现了成功应用。该综合管理平台实现了所有信息的可追溯性,保证实际进度信息录入的及时性和准确性,加强了对现场施工过程的动态控制力,实现了进度的可视化管理,为工程带来了一定的经济效益,节约了时间成本,对工程的建设发挥了重要作用。

参 考 文 献

［1］ 王珺. BIM 理念及 BIM 软件在建设项目中的应用研究 ［D］. 成都：西南交通大学，2011.

［2］ 赵继伟. 水利工程信息模型理论与应用研究 ［D］. 北京：中国水利水电科学研究院，2016.

［3］ 黄强. 论 BIM ［M］. 北京：中国建筑工业出版社，2011.

［4］ 郑国勤，邱奎宁. BIM 国内外标准综述 ［J］. 土木建筑工程信息技术，2012（1）：32－34.

［5］ 周建亮，吴跃星，鄢晓非. 美国 BIM 技术发展及其对我国建筑业转型升级的启示 ［J］. 科技进步
与对策，2014（11）：30－33.

［6］ 本书编委会. 中国建筑施工行业信息化发展报告（2014） BIM 应用与发展 ［M］. 北京：中国城
市出版社，2014.

［7］ 本书编委会. 中国建筑施工行业信息化发展报告（2015） BIM 深度应用与发展 ［M］. 北京：中
国城市出版社，2015.

［8］ 水利部信息化工作领导小组办公室. 2017 年度中国水利信息化发展报告 ［M］. 北京：中国水利水
电出版社，2017.

［9］ 刘辉. 水利水电工程勘测设计行业信息化发展思考 ［J］. 水利规划与设计，2017（1）：78－81.

［10］ 王惠. 大型水利工程建设对生态环境的影响 ［J］. 山西水土保持科技，2012（4）：14－15.

［11］ 韩克勇. NavisWorks 在项目设计和施工中的应用 ［J］. 城市建设理论研究：电子版，2013（11）.

［12］ 文杰. 水利水电工程施工现场安全管理 ［J］. 水利水电技术，2012，43（5）：25.

［13］ 李文. 关于水利工程中机电设备安装施工优化管理探讨 ［J］. 科技创新与应用，2017（26）：
116，118.

［14］ 赵欣，赵杨. 水利水电工程机电安装工程施工技术与质量控制 ［J］. 建筑工程技术与设计，
2015（13）：1331.

［15］ 陈彪，韩丹. 浅论地铁车站机电安装工程中综合支吊架的合理利用 ［J］. 四川水泥，2015（2）：
202－203.

［16］ 秦丽芳. BIM 技术在水电工程施工安全管理中的研究 ［D］. 武汉：华中科技大学，2013.

［17］ 姜盛宇. 浅析水利工程管理运作中存在问题与对策 ［J］. 中国科技博览，2013（32）：481.

［18］ 叶晶. 信息技术在基于 BIM 的运维系统中应用的探讨 ［J］. 绿色建筑，2014（3）：65－67.

［19］ 于淑娥. 浅谈水利工程管理单位固定资产存在的管理问题及对策 ［J］. 劳动保障世界，2014
（20）：24－27.

［20］ 胡北. 基于 BIM 核心的物联网技术在运维阶段的应用 ［J］. 四川建筑，2016，36（6）：89－91.